中等职业学校公共基础课程配套教材

信息技术综合实训（下册）

赵立强　曹丽君　主编

安丽红　韩　佳　王宇宾　李　欣　副主编

电子工业出版社
Publishing House of Electronics Industry
北京·BEIJING

内 容 简 介

本教材依据《中等职业学校信息技术课程标准》，配套《信息技术（基础模块）（下册）》教材编写，旨在培养中等职业学校学生符合时代要求的信息素养和适应职业发展需要的信息能力。

本教材由 5 章构成，对应《中等职业学校信息技术课程标准》基础模块的第 4～8 单元。本教材与《信息技术综合实训（上册）》配套使用，课程内容循序渐进，贯穿信息技术课程教学的全过程。本教材通过多样化的实训形式，帮助学生认识信息技术在当今人类生产、生活中的重要作用，理解信息技术、信息社会等概念和信息社会的特征与规范，掌握信息技术设备与系统操作、网络应用、图文编辑、数据处理、程序设计、数字媒体技术应用、信息安全和人工智能等相关知识与技能，综合应用信息技术解决生产、生活和学习情景中的实际问题。

在综合实训学习过程中，本教材旨在培养学生独立思考和主动探究的能力。读者如果能熟练掌握书中相关操作，完全能够满足日常工作和生活中相关应用的需要。

本教材可以作为中等职业学校各类专业的公共课实训教材，也可以作为信息技术应用实训的培训教材。

未经许可，不得以任何方式复制或抄袭本书之部分或全部内容。
版权所有，侵权必究。

图书在版编目（CIP）数据

信息技术综合实训. 下册 / 赵立强，曹丽君主编. —北京：电子工业出版社，2022.8
ISBN 978-7-121-44080-9

Ⅰ. ①信… Ⅱ. ①赵… ②曹… Ⅲ. ①计算机课－中等专业学校－教学参考资料 Ⅳ. ①G634.673

中国版本图书馆 CIP 数据核字（2022）第 138763 号

责任编辑：郑小燕　　　　　特约编辑：田学清
印　　刷：北京利丰雅高长城印刷有限公司
装　　订：北京利丰雅高长城印刷有限公司
出版发行：电子工业出版社
　　　　　北京市海淀区万寿路 173 信箱　　邮编：100036
开　　本：787×1092　1/16　印张：10.5　字数：129.02 千字
版　　次：2022 年 8 月第 1 版
印　　次：2024 年 8 月第 3 次印刷
定　　价：35.00 元

凡所购买电子工业出版社图书有缺损问题，请向购买书店调换。若书店售缺，请与本社发行部联系，联系及邮购电话：(010)88254888，88258888。
质量投诉请发邮件至 zlts@phei.com.cn，盗版侵权举报请发邮件至 dbqq@phei.com.cn。
本书咨询联系方式：(010) 88254550，zhengxy@phei.com.cn。

前　言

信息技术课程是中等职业学校各专业学生必修的公共基础课程。本教材依据《中等职业学校信息技术课程标准》和《中等职业学校公共基础课程方案》编写。

本教材立足当前中等职业学校信息技术教学的实际需求，紧密结合中等职业教育的特点，重点突出技能训练和实际操作能力的培养，符合中等职业学校信息能力培养的职业需求。本教材突出职业教育特色，以质量为先，体现课程思政，强化基础作用，以提升学生的信息技术基础知识与技能、增强学生的信息意识与信息素养、培养学生的计算思维和数字化学习能力与创新能力、树立学生正确的信息社会价值观为指导思想。

本教材的编写力求突出以下特色。

1. 丰富的数字化教学资源

本教材提供配套的数字化教学资源，有此需要的师生可以登录华信教育资源网免费下载。

2. 创新能力培养模式

本教材对标新课标对学生信息能力的培养要求，通过综合应用信息技术解决生产、生活和学习情景中的各种问题，培养学生在数字化学习与创新过程中独立思考和主动探究的能力，强化认知、合作、创新能力，培养学生的创新创业意识，提升职业能力。

3. 将课程思政融入教学场景

本教材抓牢课程思政建设的主线，充分融入信息技术发展应用中蕴含的具有时代意义的人文精神和科学的价值理念，贯穿社会责任感，弘扬工匠精神。本教材精心设计了信息社会责任、道德规范、信息技术创新、信息安全意识等教学案例，弘扬主旋律，传播正能量，规范学生在信息社会中的行为。

4. 职业教育特色创新

本教材的基础模块突出信息技术通识教育，拓展模块侧重不同专业的职场需求，顺应中职学生学情的变化，方便教师选择教学内容和学生自主学习。本教材使用案例模式、任务驱动模式，创新教材形态，贴近生活，反映新职业场景，注重中高职教材内容的衔接，体现"做中学、做中教"的职业教育特色，引导学生将信息技术课程与其他课程所学的知识、技能融合运用。

本套教材由赵立强、曹丽君担任主编。赵立强负责本教材的总体规划，提出教材编写的指导思想和理念，确定教材的总体框架，并对教材的内容进行审阅和指导。曹丽君负责统稿，以及审核与修订编写体例和案例。

《信息技术综合实训（上册）》和《信息技术综合实训（下册）》共有 8 章内容。第 1 章介绍信息技术应用基础，第 5 章介绍程序设计入门，由曹丽君编写；第 2 章介绍网络应用，第 7 章介绍信息安全基础，由王宇宾编写；第 3 章介绍图文编辑，由辛向利编写；第 4 章介绍数据处理，由安丽红编写；第 6 章介绍数字媒体技术应用，由韩佳编写；第 8 章介绍人工智能初步，由李欣编写。全书由王宇宾、安丽红、辛向利、韩佳进行课程思政元素设计；由刘西印、李欣对教学素材进行整理、审核。

本教材力求成为一本兼具基础性、新颖性和前瞻性的教材。在编写过程中，编者做了许多努力，但由于水平有限，书中难免存在一些疏漏之处，殷切希望广大读者不吝指正。

编　者

2022 年 6 月

目 录

第 4 章 数据处理 ... 1

任务 1 采集数据 ... 2
实训 1　Excel 2016 的启动和退出 ... 2
实训 2　数据采集 ... 5
实训 3　表格的编辑与修改 ... 9
实训 4　格式化数据和表格（一）... 12
实训 5　格式化数据和表格（二）... 19
实训 6　采集数据基础知识 ... 27

任务 2 加工数据 ... 33
实训 1　使用运算符、表达式和函数 ... 33
实训 2　整理数据 ... 40
实训 3　加工数据基础知识 ... 47

任务 3 分析数据 ... 52
实训 1　创建数据透视表 ... 52
实训 2　图表制作和编辑 ... 55
实训 3　分析数据基础知识 ... 61

任务 4 初识大数据 ... 64
实训　大数据基础知识 ... 64

第 5 章 程序设计入门 ... 67

任务 1 了解程序设计的理念 ... 68
实训 1　程序设计基础知识 ... 68

实训 2　常见的程序设计语言 ………………………………………………… 69
　　实训 3　用程序设计解决问题的逻辑思维理念 ……………………………… 70
任务 2　设计简单的程序 ………………………………………………………………… 73
　　实训 1　程序设计语言的基础知识 …………………………………………… 73
　　实训 2　编辑、运行和调试简单程序 ………………………………………… 76
　　实训 3　典型算法实例 ………………………………………………………… 80
　　实训 4　使用 turtle 库绘制矩形 ……………………………………………… 82
　　实训 5　使用 turtle 库绘制等边三角形 ……………………………………… 84
　　实训 6　使用 turtle 库绘制正方形螺旋线 …………………………………… 86

第 6 章　数字媒体技术应用 …………………………………………………………… 88

任务 1　获取数字媒体素材 ……………………………………………………………… 89
　　实训　数字媒体基础知识 ……………………………………………………… 89
任务 2　加工数字媒体 …………………………………………………………………… 91
　　实训 1　编辑图像素材 ………………………………………………………… 91
　　实训 2　编辑音频素材 ………………………………………………………… 96
　　实训 3　编辑视频素材 ………………………………………………………… 101
　　实训 4　制作简单的计算机动画 ……………………………………………… 108
任务 3　制作简单的数字媒体作品 ……………………………………………………… 115
　　实训 1　数字媒体作品设计基础知识 ………………………………………… 115
　　实训 2　制作电子相册 ………………………………………………………… 117
　　实训 3　制作宣传片 …………………………………………………………… 123
任务 4　初识虚拟现实与增强现实技术 ………………………………………………… 131
　　实训 1　虚拟现实技术基础知识 ……………………………………………… 131
　　实训 2　增强现实技术基础知识 ……………………………………………… 133
　　实训 3　体验增强现实技术 …………………………………………………… 134

第 7 章　信息安全基础 ·· 139

任务 1　了解信息安全常识 ·· 140
实训 1　信息安全基础知识 ·· 140
实训 2　分组讨论：自己身边的信息安全威胁 ·· 142

任务 2　防范信息系统恶意攻击 ··· 143
实训 1　使用杀毒软件 ·· 143
实训 2　使用综合安全软件 ·· 147

第 8 章　人工智能初步 ·· 154

任务 1　初识人工智能 ··· 155
实训 1　人工智能基础知识 ·· 155
实训 2　人工智能的应用 ··· 156

任务 2　认识机器人 ·· 157
实训 1　机器人基础知识 ··· 157
实训 2　机器人的应用 ·· 158

第 4 章
数据处理

信息技术综合实训（下册）

任务 1 采集数据

 实训知识点

1．掌握启动和退出 Excel 2016 的方法。

2．熟悉 Excel 2016 的工作界面。

3．掌握工作表的管理操作。

4．掌握单元格的基本操作。

实训 1　Excel 2016 的启动和退出

一、实训要求

（1）启动 Excel 2016，创建一个空白的工作簿文件。

（2）将"字体颜色"按钮添加到快速访问工具栏中。

（3）将 Sheet1 工作表更名为"销售统计表"。

（4）在"销售统计表"的前面插入工作表"销售记录表"。

（5）退出 Excel 2016，保存工作簿文件，文件名为"040101.xlsx"。

二、操作步骤

1. 启动 Excel 2016 并创建工作簿文件

选择"开始"→"所有程序"→"Excel 2016"命令，在启动的 Excel 界面中选择"空白工作簿"选项。

2. 在快速访问工具栏中添加命令

右击"开始"选项卡中"字体"组的"字体颜色"按钮，在弹出的快捷菜单中选择"添加到快速访问工具栏"命令。

3. 重命名工作表

双击 Sheet1 工作表标签，或者右击 Sheet1 工作表标签并在弹出的快捷菜单中选择"重命名"命令，输入"销售统计表"。

4. 插入工作表并重命名

步骤 1：右击"销售统计表"工作表标签，在弹出的快捷菜单中选择"插入"命令，此时会弹出"插入"对话框，如图 4-1-1 所示。

图 4-1-1　"插入"对话框

步骤2：在"插入"对话框中选择"工作表"选项，单击"确定"按钮。

步骤3：双击新插入的工作表的标签，输入"销售记录表"。

5. 关闭 Excel 2016 并保存工作簿文件

步骤1：选择"文件"菜单中的"关闭"命令，或单击 Excel 2016 窗口标题栏右上角的"关闭"按钮，就会退出 Excel 2016，如果在文档中输入了数据，则会弹出保存工作簿提示对话框，如图 4-1-2 所示。

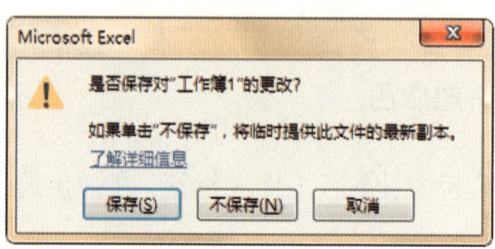

图 4-1-2　保存工作簿提示对话框

步骤 2：在对话框中单击"保存"按钮，会弹出"另存为"对话框，在"另存为"对话框的"文件名"文本框中输入"040101.xlsx"，单击"保存"按钮。

实训 2　数据采集

一、实训要求

启动 Excel 2016，打开"素材文件\4-1\040102.xlsx"工作簿文件，工作簿文件中有 Sheet1 和 Sheet2 两个工作表，Sheet1、Sheet2 工作表中的数据如图 4-1-3 和图 4-1-4 所示，按如下要求进行操作。

图 4-1-3　Sheet1 工作表中的数据　　　　图 4-1-4　Sheet2 工作表中的数据

（1）在 Sheet1 工作表中输入数据，如图 4-1-5 所示。

	A	B	C	D	E	F
1			销售统计表			
2				统计日期：	2019-12-31	
3	编号	店铺	季度	销售量	单价	销售额
4	0001	西直门店	1季度		6000	
5	0002	中关村店	1季度		6000	
6	0003	上地店	1季度		6000	
7	0004	亚运村店	1季度		6000	
8	0005	西直门店	2季度		6000	
9	0006	中关村店	2季度		6000	
10	0007	上地店	2季度		6000	
11	0008	亚运村店	2季度		6000	
12	0009	西直门店	3季度		6000	
13	0010	中关村店	3季度		6000	
14	0011	上地店	3季度		6000	
15	0012	亚运村店	3季度		6000	
16	0013	西直门店	4季度		6000	
17	0014	中关村店	4季度		6000	
18	0015	上地店	4季度		6000	
19	0016	亚运村店	4季度		6000	

图 4-1-5　在 Sheet1 工作表中输入数据

（2）将 Sheet2 工作表中 A1:A16 单元格区域的数据复制到 Sheet1 工作表的 D4:D19 单元格区域中；将 Sheet2 工作表 C1:C16 单元格区域的数据复制到 Sheet1 工作表的 F4:F19 单元格区域中。

二、操作步骤

打开"素材文件\4-1\040102.xlsx"工作簿文件，操作步骤如下。

1. 输入数据

步骤 1：单击 Sheet1 工作表标签，显示 Sheet1 工作表。

步骤 2：选中 F3 单元格，输入"销售额"。

步骤 3：选中 E2 单元格，输入"2019-12-31"。

步骤 4：在 A4 单元格中输入"'0001"，按 Enter 键，将鼠标指针放在 A4

单元格右下角的填充柄上，按住鼠标左键，将鼠标指针拖动到 A19 单元格。

步骤 5：在 C4 单元格中输入"1 季度"，将鼠标指针放在 C4 单元格右下角的填充柄上，按住鼠标左键和 Ctrl 键将鼠标指针拖动到 C7 单元格。在 C8 单元格输入"2 季度"，将鼠标指针放在 C8 单元格右下角的填充柄上，按住鼠标左键和 Ctrl 键将鼠标指针拖动到 C11 单元格。以同样的方式输入"3 季度""4 季度"。

步骤 6：选择"文件"菜单中的"选项"命令，弹出"Excel 选项"对话框。在"Excel 选项"对话框的左侧选择"高级"选项卡，然后找到并单击"编辑自定义列表"按钮，弹出"自定义序列"对话框。在"输入序列"列表框中输入相关信息，如图 4-1-6 所示。单击"添加"按钮，将相关信息添加到"自定义序列"列表框中，然后单击"确定"按钮。

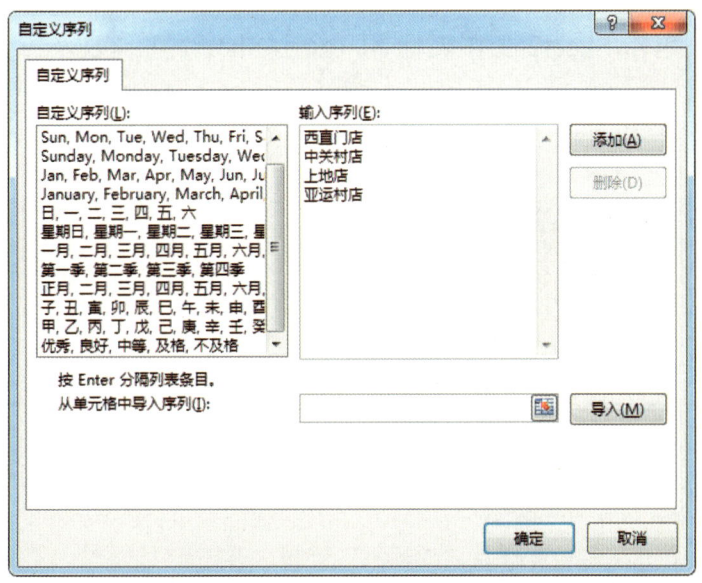

图 4-1-6　输入相关信息

步骤 7：在 B4 单元格中输入"西直门店"，按 Enter 键，将鼠标指针放在 B4 单元格右下角的填充柄上，按住鼠标左键，将鼠标指针拖动到 B19 单元格。

2. 复制数据

步骤 1：单击 Sheet2 工作表标签，显示 Sheet2 工作表。

步骤 2：在 Sheet2 工作表中，选中 A1:A16 单元格区域并右击，在弹出的快捷菜单中选择"复制"命令。

步骤 3：单击 Sheet1 工作表标签，显示 Sheet1 工作表。

步骤 4：选中 D4 单元格并右击，在弹出的快捷菜单中选择"粘贴"命令。

步骤 5：单击 Sheet2 工作表标签，显示 Sheet2 工作表。

步骤 6：在 Sheet2 工作表中，选中 C1:C16 单元格区域并右击，在弹出的快捷菜单中选择"复制"命令。

步骤 7：单击 Sheet1 工作表标签，显示 Sheet1 工作表。

步骤 8：选中 F4 单元格并右击，在弹出的快捷菜单中选择"粘贴"命令。

实训 3　表格的编辑与修改

一、实训要求

启动 Excel 2016，打开"素材文件\4-1\040103.xlsx"工作簿文件，按如下要求进行操作。

（1）将"入库单"工作表复制到 Sheet3 工作表的前面。

（2）将 Sheet3 工作表移动到"入库单"工作表的前面。

（3）删除"入库单"工作表的 C 列，删除 B11:C11 单元格区域。

（4）在第 19 行前插入一行，分别在 A19 至 F19 单元格中输入"切片""100*1.0*20""5""20""100""2021-2-12"。

（5）使工作簿中隐藏的"出库单"工作表显示出来。

二、操作步骤

打开"素材文件\4-1\040103.xlsx"工作簿文件，操作步骤如下。

1. 复制工作表

步骤 1：右击"入库单"工作表标签，在弹出的快捷菜单中选择"移动或复制"命令，此时弹出"移动或复制工作表"对话框。

步骤2：在"移动或复制工作表"对话框的"下列选定工作表之前"列表框中选择"Sheet3"选项，勾选"建立副本"复选框，如图4-1-7所示。

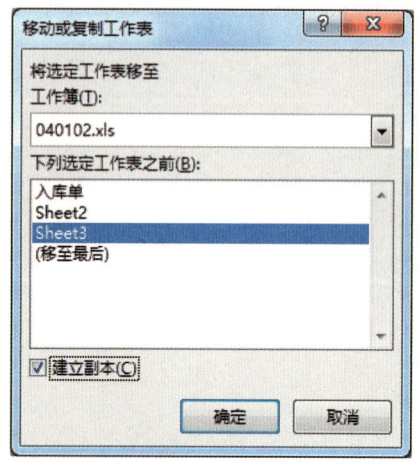

图4-1-7 "移动或复制工作表"对话框

步骤3：单击"确定"按钮。

2. 移动工作表

步骤1：右击 Sheet3 工作表标签，在弹出的快捷菜单中选择"移动或复制"命令，此时弹出"移动或复制工作表"对话框（见图4-1-7）。

步骤2：在"移动或复制工作表"对话框的"下列选定工作表之前"列表框中选择"入库单"选项，取消勾选"建立副本"复选框，单击"确定"按钮。

3. 删除操作

步骤1：单击"入库单"工作表标签。

步骤2：右击 C 列的列标签，在弹出的快捷菜单中选择"删除"命令。

步骤 3：选中 B11:C11 单元格区域并右击，在弹出的快捷菜单中选择"删除"命令，此时会弹出"删除"对话框，如图 4-1-8 所示。

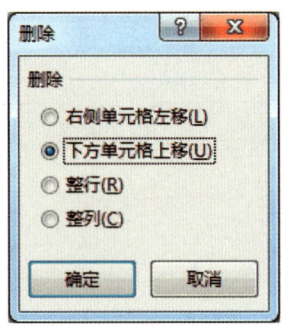

图 4-1-8　"删除"对话框

步骤 4：选中"下方单元格上移"单选按钮，单击"确定"按钮。

4. 插入行并输入数据

步骤 1：右击第 19 行的行标签，在弹出的快捷菜单中选择"插入"命令。

步骤 2：在插入的空行中的 A19、B19、C19、D19、E19、F19 单元格中分别输入"切片""100*1.0*20""5""20""100""2021-2-12"。

5. 显示隐藏的工作表

步骤 1：右击任意一个工作表的标签，在弹出的快捷菜单中选择"取消隐藏"命令。此时会弹出"取消隐藏"对话框，如图 4-1-9 所示。

步骤 2：在"取消隐藏工作表"列表框中选择"出库单"选项，单击"确定"按钮。

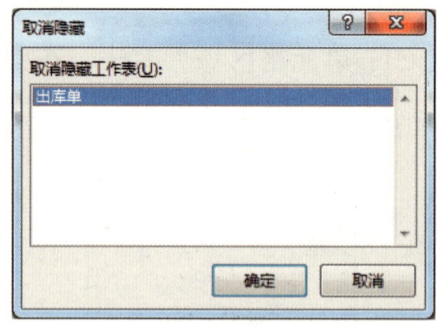

图 4-1-9 "取消隐藏"对话框

实训 4　格式化数据和表格（一）

一、实训要求

启动 Excel 2016，打开"素材文件\4-1\040104.xlsx"工作簿文件，工作簿中有 Sheet1 工作表，工作表中的数据如图 4-1-10 所示，按如下要求进行操作。

（1）为 E2:F2 单元格区域中的文字加下画线。

（2）为 A3:F35 单元格区域添加边框，外边框为中等粗细的实线，采用"橙色，个性色 2，深色 25%"。内框线为双线，采用标准色蓝色。

（3）将 A3:F3 单元格区域的主题单元格样式设置为"20%-着色 4"。

（4）为 D4:D35 单元格区域设置图标集中的"三标志"条件格式。

（5）将 F4:F35 单元格区域中从大到小的前 5 个数据的颜色设置为红色，并加下画线。

(6) 将 D36:F36 单元格区域的填充颜色设置为"金色,个性色 4,淡色 40%"。

	A	B	C	D	E	F
1			销售统计表			
2				填表日期:		2019-12-31
3	店铺	季度	商品名称	销售量	单价	销售额
4	西直门店	1季度	笔记本	280	6300	1764000
5	西直门店	2季度	笔记本	230	6300	1449000
6	西直门店	3季度	笔记本	180	6300	1134000
7	西直门店	4季度	笔记本	290	6300	1827000
8	中关村店	1季度	笔记本	350	6300	2205000
9	中关村店	2季度	笔记本	180	6300	1134000
10	中关村店	3季度	笔记本	140	6300	882000
11	中关村店	4季度	笔记本	220	6300	1386000
12	上地店	1季度	笔记本	280	6300	1764000
13	上地店	2季度	笔记本	210	6300	1323000
14	上地店	3季度	笔记本	170	6300	1071000
15	上地店	4季度	笔记本	260	6300	1638000
16	亚运村店	1季度	笔记本	320	6300	2016000
17	亚运村店	2季度	笔记本	260	6300	1638000
18	亚运村店	3季度	笔记本	243	6300	1530900
19	亚运村店	4季度	笔记本	362	6300	2280600
20	西直门店	1季度	台式机	377	4200	1583400
21	西直门店	2季度	台式机	261	4200	1096200
22	西直门店	3季度	台式机	349	4200	1465800
23	西直门店	4季度	台式机	400	4200	1680000
24	中关村店	1季度	台式机	416	4200	1747200
25	中关村店	2季度	台式机	247	4200	1037400
26	中关村店	3季度	台式机	230	4200	966000
27	中关村店	4季度	台式机	285	4200	1197000
28	上地店	1季度	台式机	293	4200	1230600
29	上地店	2季度	台式机	336	4200	1411200
30	上地店	3季度	台式机	315	4200	1323000
31	上地店	4季度	台式机	357	4200	1499400
32	亚运村店	1季度	台式机	377	4200	1583400
33	亚运村店	2季度	台式机	380	4200	1596000
34	亚运村店	3季度	台式机	245	4200	1029000
35	亚运村店	4季度	台式机	287	4200	1205400
36		总计:				46693500

图 4-1-10　Sheet1 工作表中的数据

二、操作步骤

打开"素材文件\4-1\040104.xlsx"工作簿文件，操作步骤如下。

1. 加下画线

步骤1：选择 E2:F2 单元格区域。

步骤2：在"开始"选项卡的"字体"组中单击"下画线"下拉按钮 ⊔ᐁ，在弹出的下拉列表中选择"下画线"选项。

2. 添加边框

步骤1：选择 A3:F35 单元格区域。

步骤2：在"开始"选项卡的"单元格"组中单击"格式"下拉按钮，在弹出的下拉列表中选择"设置单元格格式"选项，此时会弹出"设置单元格格式"对话框。

步骤3：选择"边框"选项卡，在"样式"列表框中选择中等粗细的实线，在"颜色"下拉列表中选择"橙色，个性色2，深色25%"选项，然后单击"外边框"按钮。

步骤4：在"样式"列表框中选择双线，在"颜色"下拉列表中选择"标准色"选区中的"蓝色"选项，然后单击"内部"按钮，如图4-1-11所示。

3. 单元格样式

步骤1：选择 A3:F3 单元格区域。

步骤2：在"开始"选项卡的"样式"组中单击"单元格样式"按钮，

在弹出的下拉列表中选择"主题单元格样式"选区中的"20%-着色 4"选项。

图 4-1-11　添加边框

4. 设置条件格式

步骤 1：选择 D4:D35 单元格区域。

步骤 2：在"开始"选项卡的"样式"组中单击"条件格式"下拉按钮，在弹出的下拉列表中选择"图标集"子列表中的"三标志"选项。

5. 自定义设置条件格式

步骤 1：选择 F4:F35 单元格区域。

步骤 2：在"开始"选项卡的"样式"组中单击"条件格式"下拉按钮，在弹出的下拉列表中选择"数据条"子列表中的"其他规则"选项。此时弹出"新建格式规则"对话框，如图 4-1-12 所示。

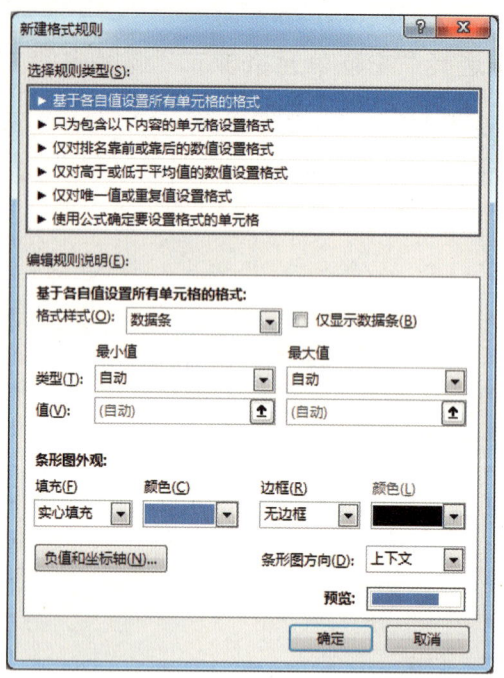

图 4-1-12 "新建格式规则"对话框

步骤 3：在"选择规则类型"列表框中选择"仅对排名靠前或靠后的数值设置格式"选项，如图 4-1-13 所示。

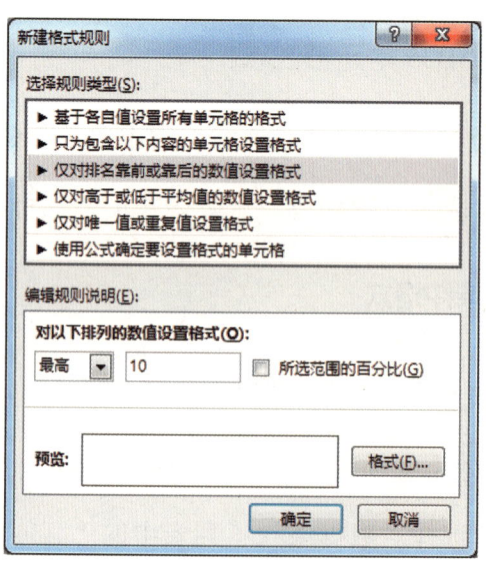

图 4-1-13 选择"仅对排名靠前或靠后的数值设置格式"选项

步骤4：在"最高"选项后面的文本框中输入"5"，单击"格式"按钮，在弹出的对话框中设置下画线和颜色，单击"确定"按钮，返回"新建格式规则"对话框，设置结果如图4-1-14所示。

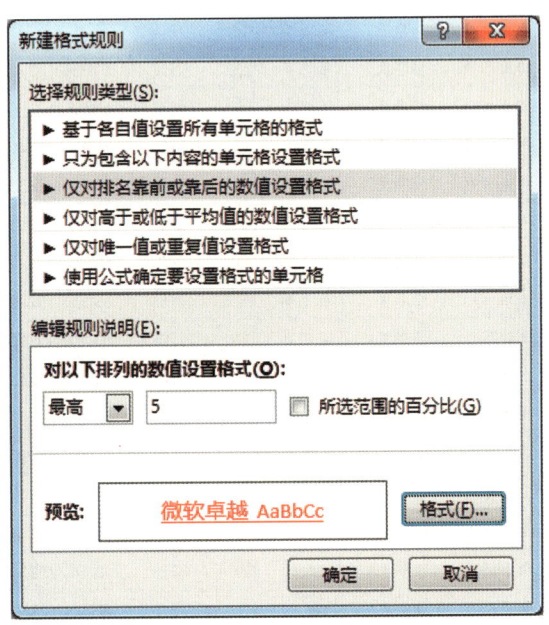

图4-1-14　设置结果

6. 设置填充颜色

步骤1：选择D36:F36单元格区域。

步骤2：在"开始"选项卡的"字体"组中单击"填充颜色"下拉按钮，在弹出的下拉列表中选择"金色，个性色4，淡色40%"选项。

设置完成后的效果如图4-1-15所示。

	A	B	C	D	E	F
1	销售统计表					
2				填表日期：		2019-12-31
3	店铺	季度	商品名称	销售量	单价	销售额
4	西直门店	1季度	笔记本	280	6300	1764000
5	西直门店	2季度	笔记本	230	6300	1449000
6	西直门店	3季度	笔记本	180	6300	1134000
7	西直门店	4季度	笔记本	290	6300	1827000
8	中关村店	1季度	笔记本	350	6300	2205000
9	中关村店	2季度	笔记本	180	6300	1134000
10	中关村店	3季度	笔记本	140	6300	882000
11	中关村店	4季度	笔记本	220	6300	1386000
12	上地店	1季度	笔记本	280	6300	1764000
13	上地店	2季度	笔记本	210	6300	1323000
14	上地店	3季度	笔记本	170	6300	1071000
15	上地店	4季度	笔记本	260	6300	1638000
16	亚运村店	1季度	笔记本	320	6300	2016000
17	亚运村店	2季度	笔记本	260	6300	1638000
18	亚运村店	3季度	笔记本	243	6300	1530900
19	亚运村店	4季度	笔记本	362	6300	2280600
20	西直门店	1季度	台式机	377	4200	1583400
21	西直门店	2季度	台式机	261	4200	1096200
22	西直门店	3季度	台式机	349	4200	1465800
23	西直门店	4季度	台式机	400	4200	1680000
24	中关村店	1季度	台式机	416	4200	1747200
25	中关村店	2季度	台式机	247	4200	1037400
26	中关村店	3季度	台式机	230	4200	966000
27	中关村店	4季度	台式机	285	4200	1197000
28	上地店	1季度	台式机	293	4200	1230600
29	上地店	2季度	台式机	336	4200	1411200
30	上地店	3季度	台式机	315	4200	1323000
31	上地店	4季度	台式机	357	4200	1499400
32	亚运村店	1季度	台式机	377	4200	1583400
33	亚运村店	2季度	台式机	380	4200	1596000
34	亚运村店	3季度	台式机	245	4200	1029000
35	亚运村店	4季度	台式机	287	4200	1205400
36	总计：					46693500

图 4-1-15　设置完成后的效果

实训 5　格式化数据和表格（二）

一、实训要求

启动 Excel 2016，打开"素材文件\4-1\040105.xlsx"工作簿文件，工作簿中有 Sheet1 工作表，工作表中的数据如图 4-1-16 所示，按如下要求进行操作。

图 4-1-16　Sheet1 工作表中的数据

(1) 合并 A1:F1 单元格，并将合并后的单元格设置为水平居中、垂直居中。

(2) 设置单元格格式。

- 将 A1 单元格中文字的格式设置为隶书、20 号、标准色紫色、加粗。

- 将 C2:F2 单元格区域中文字的格式设置为仿宋、14 号。

- 将 E2:F2 单元格区域中文字的颜色设置为标准色蓝色。

- 将 A3:F35 单元格区域中文字的格式设置为楷体、12 号，对齐方式为水平居中、垂直居中。

(3) 设置行高。

- 将第 1 行的行高设置为 30。

- 将第 2 行的行高设置为 25。

- 将第 3~35 行的行高设置为 20。

(4) 设置数字格式。

- 将 E2 单元格的格式设置为日期型，格式形如"2012 年 3 月 14 日"。

- 将 F 列数据单元格的格式设置为数值型、小数位数为 1、使用千分位分隔符、负数第 5 种。

(5) 将 G 列的列宽设置为 16。

(6) 为 A3:F35 单元格区域套用表格格式中的"蓝色，表样式中等深浅 13"格式。

完成后的效果如图 4-1-17 所示。

	A	B	C	D	E	F
1			销售统计表			
2				填表日期：	2019年12月31日	
3	店铺	季度	商品名称	销售量	单价	销售额
4	西直门店	1季度	笔记本	280	6300	1,764,000.0
5	西直门店	2季度	笔记本	230	6300	1,449,000.0
6	西直门店	3季度	笔记本	180	6300	1,134,000.0
7	西直门店	4季度	笔记本	290	6300	1,827,000.0
8	中关村店	1季度	笔记本	350	6300	2,205,000.0
9	中关村店	2季度	笔记本	180	6300	1,134,000.0
10	中关村店	3季度	笔记本	140	6300	882,000.0
11	中关村店	4季度	笔记本	220	6300	1,386,000.0
12	上地店	1季度	笔记本	280	6300	1,764,000.0
13	上地店	2季度	笔记本	210	6300	1,323,000.0
14	上地店	3季度	笔记本	170	6300	1,071,000.0
15	上地店	4季度	笔记本	260	6300	1,638,000.0
16	亚运村店	1季度	笔记本	320	6300	2,016,000.0
17	亚运村店	2季度	笔记本	260	6300	1,638,000.0
18	亚运村店	3季度	笔记本	243	6300	1,530,900.0
19	亚运村店	4季度	笔记本	362	6300	2,280,600.0
20	西直门店	1季度	台式机	377	4200	1,583,400.0
21	西直门店	2季度	台式机	261	4200	1,096,200.0
22	西直门店	3季度	台式机	349	4200	1,465,800.0
23	西直门店	4季度	台式机	400	4200	1,680,000.0
24	中关村店	1季度	台式机	416	4200	1,747,200.0
25	中关村店	2季度	台式机	247	4200	1,037,400.0
26	中关村店	3季度	台式机	230	4200	966,000.0
27	中关村店	4季度	台式机	285	4200	1,197,000.0
28	上地店	1季度	台式机	293	4200	1,230,600.0
29	上地店	2季度	台式机	336	4200	1,411,200.0
30	上地店	3季度	台式机	315	4200	1,323,000.0
31	上地店	4季度	台式机	357	4200	1,499,400.0
32	亚运村店	1季度	台式机	377	4200	1,583,400.0
33	亚运村店	2季度	台式机	380	4200	1,596,000.0
34	亚运村店	3季度	台式机	245	4200	1,029,000.0
35	亚运村店	4季度	台式机	287	4200	1,205,400.0

图 4-1-17　完成后的效果

二、操作步骤

打开"素材文件\4-1\040105.xlsx"工作簿文件,操作步骤如下。

1. 合并对齐方式设置

步骤 1:选择 A1:F1 单元格区域,在"开始"选项卡的"对齐方式"组中单击右下角的"对齐设置"按钮,弹出"设置单元格格式"对话框。

步骤 2:在对话框中"对齐"选项卡的"水平对齐"下拉列表中选择"居中"选项,在"垂直对齐"下拉列表中选择"居中"选项,勾选"合并单元格"复选框,设置完成后的"对齐"选项卡如图 4-1-18 所示,单击"确定"按钮。

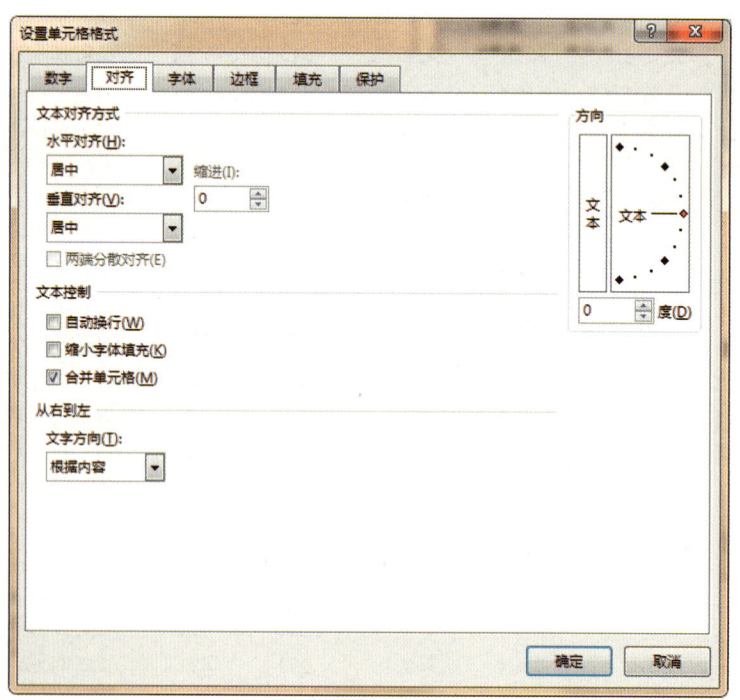

图 4-1-18　设置完成后的"对齐"选项卡

2. 设置单元格格式

步骤 1：选中 A1 单元格，在"开始"选项卡的"字体"组中单击右下角的"字体设置"按钮，弹出"设置单元格格式"对话框。

步骤 2：在对话框中"字体"选项卡的"字体"列表框中选择"隶书"选项，在"字形"列表框中选择"加粗"选项，在"字号"列表框中选择"20"选项。单击"颜色"下拉按钮，选择"标准色"选区中的"紫色"选项，设置完成后的"字体"选项卡如图 4-1-19 所示，单击"确定"按钮。

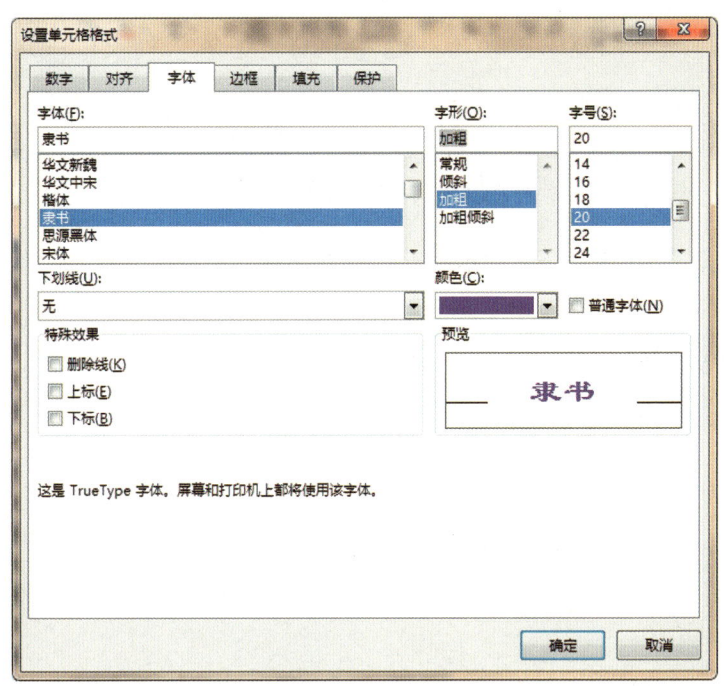

图 4-1-19　设置完成后的"字体"选项卡

步骤 3：选择 C2:F2 单元格区域，在"开始"选项卡的"字体"组中单击右下角的"字体设置"按钮，弹出"设置单元格格式"对话框。

步骤 4：在对话框中"字体"选项卡的"字体"列表框中选择"仿宋"

选项，在"字号"列表框中选择"14"选项，单击"确定"按钮。

步骤 5：选择 E2:F2 单元格区域，在"开始"选项卡的"字体"组中单击右下角的"字体设置"按钮，弹出"设置单元格格式"对话框。

步骤 6：在"字体"选项卡中单击"颜色"下拉按钮，选择"标准色"选区中的"蓝色"选项，单击"确定"按钮。

步骤 7：选择 A3:F35 单元格区域，在"开始"选项卡的"字体"组中单击右下角的"字体设置"按钮，弹出"设置单元格格式"对话框。

步骤 8：在对话框中"字体"选项卡的"字体"列表框中选择"楷体"选项，在"字号"列表框中选择"12"选项。

步骤 9：选择"对齐"选项卡，在"水平对齐"下拉列表中选择"居中"选项，在"垂直对齐"下拉列表中选择"居中"选项，单击"确定"按钮。

3. 设置行高

步骤 1：右击第 1 行的行标签，在弹出的快捷菜单中选择"行高"命令，弹出"行高"对话框。

步骤 2：在"行高"对话框中输入"30"，如图 4-1-20 所示，单击"确定"按钮。

图 4-1-20　在"行高"对话框中输入"30"

步骤 3：右击第 2 行的行标签，在弹出的快捷菜单中选择"行高"命令，弹出"行高"对话框。

步骤 4：在"行高"对话框中输入"25"，单击"确定"按钮。

步骤 5：选中第 3 行到第 35 行并右击，在弹出的快捷菜单中选择"行高"命令，弹出"行高"对话框。

步骤 6：在"行高"对话框中输入"20"，单击"确定"按钮。

4. 设置数字格式

步骤 1：选中 E2 单元格，在"开始"选项卡的"数字"组中单击右下角的"数字格式"按钮，弹出"设置单元格格式"对话框。

步骤 2：在"数字"选项卡的"分类"列表框中选择"日期"选项，在"类型"列表框中选择"2012年3月14日"选项，如图 4-1-21 所示。

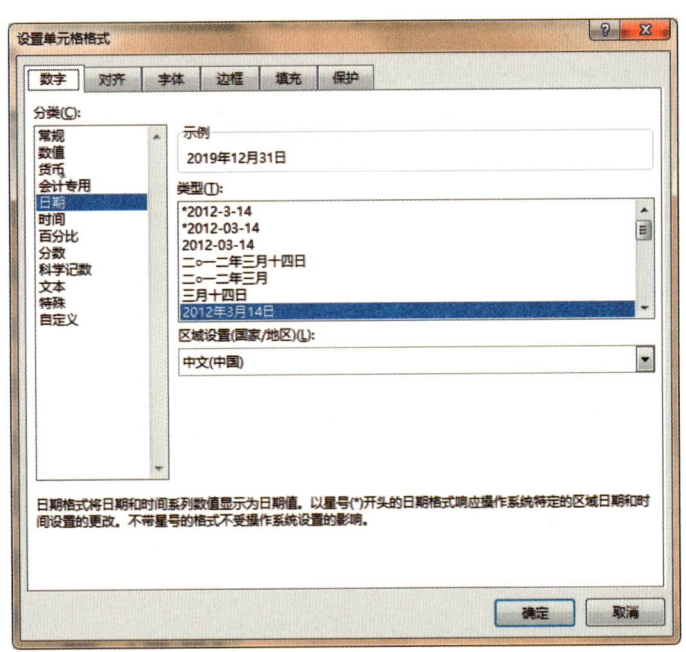

图 4-1-21　设置日期格式

步骤 3：选择 F4:F35 单元格区域，在"开始"选项卡的"数字"组中单击右下角的"数字格式"按钮，弹出"设置单元格格式"对话框。

步骤4：在"数字"选项卡的"分类"列表框中选择"数值"选项，将"小数位数"设置为1，勾选"使用千位分隔符"复选框，选择"负数"列表框中的第5个选项，设置结果如图4-1-22所示，单击"确定"按钮。

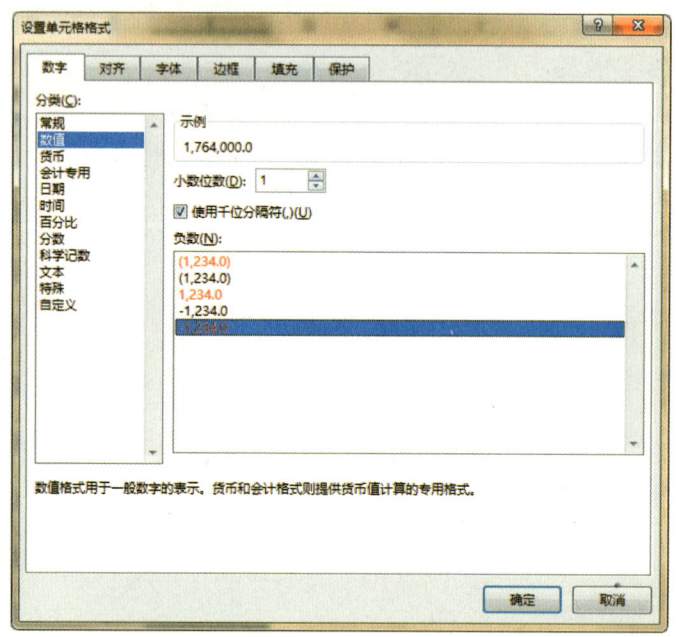

图 4-1-22　设置结果

5. 设置列宽

右击G列的列标签，在弹出的快捷菜单中选择"列宽"命令，弹出"列宽"对话框，在其中输入"16"即可。

6. 设置样式

选择A3:F35单元格区域，在"开始"选项卡的"样式"组中单击"套用表格格式"下拉按钮，在弹出的下拉列表中选择"蓝色，表样式中等深浅13"选项。

实训 6　采集数据基础知识

一、选择题

1. 在 Excel 中，存储数据的文件叫作（　　）。

   A．单元格　　　　　　　　B．工作表

   C．工作簿　　　　　　　　D．数据清单

2. 在工作簿中，有关移动和复制工作表的说法正确的是（　　）。

   A．工作表在其所在的工作簿内只能被移动，不能被复制

   B．工作表在其所在的工作簿内只能被复制，不能被移动

   C．可以将工作表移动到其他工作簿内，不能复制到其他工作簿内

   D．可以将工作表移动到其他工作簿内，也可以复制到其他工作簿内

3. 下列有关 Excel 工作表、工作簿、行、列和单元格的说法中，错误的是（　　）。

   A．一个工作簿可以包含多个工作表

   B．一个工作表可以包含多个单元格

   C．一个工作表可以包含多个工作簿

D．一行可以包含多个单元格

4．在打开 Excel 工作簿后，单击（　　）可以激活工作表。

  A．标签滚动条按钮　　 B．工作表标签

  C．工作表　　 D．单元格

5．在默认方式下，Excel 工作表的单元格以（　　）标记。

  A．列标+行号　　 B．字母+数字

  C．数字+字母　　 D．行号+列标

6．在 Excel 中，每个单元格都有地址，表示第 5 行、第 5 列单元格的地址为（　　）。

  A．4E　　 B．E5

  C．5E　　 D．55

7．使用地址"\$A\$1"引用对应单元格，"\$A\$1"称为对单元格地址的（　　）。

  A．相对引用　　 B．绝对引用

  C．混合引用　　 D．交叉引用

8．以下单元格地址的引用中，表示相对地址引用的是（　　）。

  A．\$B\$10　　 B．\$B10

  C．B\$10　　 D．B10

9. 在 Excel 中，当输入数值型数据，且单元格中的数据太长，列宽不够时，在单元格中显示的一组符号是（　　）。

　　A．?　　　　　　　　　　　　B．#

　　C．%　　　　　　　　　　　　D．*

10. 在 Excel 中，已知 A2、A3 单元格中的数据分别是 1、3，要快速将 A4 至 A10 单元格中填入 5，7，9，…，17，下列操作中可行的是（　　）。

　　A．选定 A3 单元格，拖动填充柄到 A10 单元格

　　B．选定 A2、A3 单元格，拖动填充柄到 A10 单元格

　　C．以上两种方法都可以

　　D．以上两种方法都不可以

11. 在 Excel 中，当用户希望表格标题的水平位置位于单元格中央时，以下操作最合适的是（　　）。

　　A．居中　　　　　　　　　　　B．合并后居中

　　C．分散对齐　　　　　　　　　D．跨列居中

12. 在 Excel 中输入数据时，可以采用自动填充的方法快速输入数据。自动填充根据初始值决定其后的填充项，若初始值为纯数字，则默认状态下序列填充的类型为（　　）。

　　A．等差数据序列　　　　　　　B．等比数据序列

　　C．初始数据的复制　　　　　　D．自定义数据序列

13. 使用自动填充的方法输入数据时，若在 A1 单元格中输入 "2"，在 A2 单元格中输入 "4"，然后选中 A1:A2 单元格区域，再拖动填充柄到 A10 单元格，则 A1:A10 单元格区域内各单元格填充的数据为（　　）。

  A．2，4，6，…，20　　　　　　　　B．2，4，8，16，…，1024

  C．全 2　　　　　　　　　　　　　D．全 4

14. 如果在单元格中输入数据 "2022-1-1"，默认状态下，Excel 将把它识别为（　　）数据。

  A．文本型　　　　　　　　　　　　B．数值型

  C．日期时间型　　　　　　　　　　D．公式

15. 在 Excel 中，当在 A2 单元格中输入 "0010" 时，默认状态下得到的结果是（　　）。

  A．0010　　　　　　　　　　　　　B．10

  C．错误信息　　　　　　　　　　　D．######

16. 在 Excel 中，单元格的填充色是指（　　）。

  A．单元格边框的颜色　　　　　　　B．单元格中字体的颜色

  C．单元格区域中的颜色　　　　　　D．不是指颜色

17. 在 Excel 工作表中，格式化单元格不能改变单元格的（　　）。

  A．数值大小　　　　　　　　　　　B．边框

C．文字的字体　　　　　　　D．底纹和颜色

18．在 Excel 工作表中，单元格区域是多个单元格的集合，它是由许多个单元格组合而成的一个范围，连续的单元格一般用（　　）标记。

A．单元格:单元格

B．行标:列标

C．左上角单元格名:右上角单元格名

D．左上角单元格名:右下角单元格名

19．在 Excel 中，若删除数据选择的区域是整行，则删除后，该行数据（　　）。

A．仍留在原位置　　　　　　B．被上方行填充

C．被下方行填充　　　　　　D．被移动

20．在 Excel 中，如果要输入分数，应首先输入（　　）

A．数字，空格　　　　　　　B．字母，0

C．0，空格　　　　　　　　　D．空格，0

二、填空题

1．在 Excel 中，在单元格中输入日期时，两种可以使用的年、月、日间隔符是_____和_____。

2．在 Excel 中，默认情况下，若在某单元格中输入"10/15/2021"，则该

数据类型为＿＿＿。

3．在 Excel 中，如果需要同时选定不相邻的多个单元格，则在单击的同时按键盘上的＿＿＿键。

4．在 Excel 中，表示绝对引用的地址符号是＿＿＿＿。

5．在 Excel 中，填充柄在所选区域的＿＿＿＿＿。

6．在 Excel 中，如果使用预置小数的方法输入数据，当小数位数设定为 2 时（不使用千位分隔符），输入"123456"将显示为＿＿＿。

7．在默认状态下，在工作表 A1 单元格中输入"001"时，应该输入＿＿＿。

8．在通常情况下，在 Excel 单元格中输入"3/5"，按 Enter 键后，单元格的内容显示为＿＿＿。

9．Excel 表格 B5 单元格到 E10 单元格为对角构成的区域，其表示方法是＿＿＿。

10．在 Excel 中，将符合条件的数据设置为特殊格式可以使用＿＿＿＿功能。

任务 2 加工数据

实训知识点

1. 掌握公式和函数的使用方法。

2. 掌握排序的方法。

3. 掌握自动筛选的方法。

4. 掌握分类汇总的方法。

5. 掌握高级筛选的方法。

实训 1 使用运算符、表达式和函数

一、实训要求

启动 Excel 2016，打开"素材文件\4-2\040201.xlsx"工作簿文件，工作

簿中有 Sheet1、Sheet2 两个工作表，Sheet1 工作表中的数据如图 4-2-1 所示，Sheet2 工作表中的数据如图 4-2-2 所示。

	A	B	C	D	E	F	G	H	I	J	K
1	学生成绩单											
2	班级	学号	姓名	性别	语文	数学	英语	平均分	总分	排名	综合评价
3	1班	0101	张强	男							
4	1班	0102	李雨欣	女							
5	1班	0103	马楠	女							
6	1班	0104	宋宇豪	男							
7	1班	0105	司玉亮	男							
8	1班	0106	敬继坤	男							
9	1班	0107	杨巧巧	女							
10	1班	0108	马松	男							
11	1班	0109	李玉乔	女							
12	1班	0110	胡莉莉	女							
13	2班	0201	杨萍萍	女							
14	2班	0202	齐青松	男							
15	2班	0203	董华	男							
16	2班	0204	马国玉	女							
17	2班	0205	赵欣雨	女							
18	2班	0206	张果果	女							
19	2班	0207	赵阳	男							
20	2班	0208	李启宇	男							
21	2班	0209	宋东	男							
22	2班	0210	梁芳芬	女							
23		最高分：									
24		最低分：									
25		不及格人数：									
26		优秀率：									

图 4-2-1　Sheet1 工作表中的数据

按如下要求进行操作。

（1）将 Sheet2 工作表中各门课程的成绩填入 Sheet1 工作表中相应的单元格中。

（2）计算 3 门课程的平均分，填入 Sheet1 工作表的 H 列对应的单元格中。

（3）计算 3 门课程的总分，填入 Sheet1 工作表的 I 列对应的单元格中。

（4）根据总分计算学生的排名，填入 Sheet1 工作表的 J 列对应的单元格中。

	A	B	C	D	E
1	学号	姓名	语文	数学	英语
2	0203	董华	75	88	88
3	0110	胡莉莉	96	90	88
4	0106	敬继坤	88	92	85
5	0208	李启宇	90	87	65
6	0102	李雨欣	68	85	88
7	0109	李玉乔	56	32	52
8	0210	梁芳芬	86	88	95
9	0204	马国玉	77	75	75
10	0103	马楠	88	88	90
11	0108	马松	92	93	60
12	0202	齐青松	88	99	54
13	0105	司玉亮	54	88	54
14	0209	宋东	86	86	28
15	0104	宋宇豪	76	45	95
16	0201	杨萍萍	92	98	86
17	0107	杨巧巧	90	85	75
18	0206	张果果	86	82	85
19	0101	张强	58	86	85
20	0205	赵欣雨	85	65	65
21	0207	赵阳	88	54	75

图 4-2-2　Sheet2 工作表中的数据

（5）根据平均分，在 Sheet1 工作表中按要求填写综合评价内容，如表 4-2-1 所示。

表 4-2-1　分数对应的综合评价

分数范围	综合评价
小于 60	不及格
在 60~70 之间（不包括 70）	及格
在 70~80 之间（不包括 80）	中等
在 80~90 之间（不包括 90）	良好
大于等于 90	优秀

（6）统计各门课程的最高分，填入 Sheet1 工作表第 23 行对应课程的单元格中。

（7）统计各门课程的最低分，填入 Sheet1 工作表第 24 行对应课程的单元格中。

（8）统计各门课程不及格的人数，填入 Sheet1 工作表第 25 行对应课程的单元格中。

（9）计算各门课程的优秀率，填入 Sheet1 工作表第 26 行对应课程的单元格中。

完成操作后的 Sheet1 工作表如图 4-2-3 所示

	A	B	C	D	E	F	G	H	I	J	K
1	学生成绩单										
2	班级	学号	姓名	性别	语文	数学	英语	平均分	总分	排名	综合评价
3	1班	0101	张强	男	58	86	85	76.33	229	13	中等
4	1班	0102	李雨欣	女	68	85	88	80.33	241	11	良好
5	1班	0103	马楠	女	88	88	90	88.67	266	4	良好
6	1班	0104	宋宇豪	男	76	45	95	72.00	216	16	中等
7	1班	0105	司玉亮	男	54	88	54	65.33	196	19	及格
8	1班	0106	敬继坤	男	88	92	85	88.33	265	5	良好
9	1班	0107	杨巧巧	女	90	85	75	83.33	250	8	良好
10	1班	0108	马松	男	92	93	60	81.67	245	9	良好
11	1班	0109	李玉乔	女	56	32	52	46.67	140	20	不及格
12	1班	0110	胡莉莉	女	96	90	88	91.33	274	2	优秀
13	2班	0201	杨萍萍	女	92	98	86	92.00	276	1	优秀
14	2班	0202	齐青松	男	88	99	54	80.33	241	11	良好
15	2班	0203	董华	男	75	88	88	83.67	251	7	良好
16	2班	0204	马国玉	女	77	75	75	75.67	227	14	中等
17	2班	0205	赵欣雨	女	85	65	65	71.67	215	17	中等
18	2班	0206	张果果	女	86	82	85	84.33	253	6	良好
19	2班	0207	赵阳	男	88	54	75	72.33	217	15	中等
20	2班	0208	李启宇	男	90	87	65	80.67	242	10	良好
21	2班	0209	宋东	男	86	86	28	66.67	200	18	及格
22	2班	0210	梁芳芬	女	86	88	95	89.67	269	3	良好
23	最高分				96	99	95	92	276		
24	最低分				54	32	28	46.67	140		
25	不及格人数				3	3	4	1			
26	优秀率				25.0%	25.0%	15.0%	10.0%			

图 4-2-3　完成操作后的 Sheet1 工作表

二、操作步骤

打开"素材文件\4-2\040201.xlsx"工作簿文件，操作步骤如下。

1. 填入各门课的成绩

步骤 1：在 Sheet1 工作表中，单击 E3 单元格，输入公式"=VLOOKUP(B3, Sheet2!$A$2:$E$21,3,FALSE)"，然后按 Enter 键。

步骤 2：将鼠标指针移动到 E3 单元格右下角的填充柄上，按住鼠标左键，将鼠标指针拖动到 E22 单元格。

步骤 3：单击 F3 单元格，输入公式"=VLOOKUP(B3,Sheet2!$A$2:$E$21, 4,FALSE)"，然后按 Enter 键。

步骤 4：将鼠标指针移动到 F3 单元格右下角的填充柄上，按住鼠标左键，将鼠标指针拖动到 F22 单元格。

步骤 5：单击 G3 单元格，输入公式"=VLOOKUP(B3,Sheet2!$A$2:$E$21, 5,FALSE)"，然后按 Enter 键。

步骤 6：将鼠标指针移动到 G3 单元格右下角的填充柄上，按住鼠标左键，将鼠标指针拖动到 G22 单元格。

2. 计算平均分

步骤 1：在 Sheet1 工作表中，单击 H3 单元格，输入公式"=(E3+F3+G3)/3"或"=AVERAGE (E3:G3)"，然后按 Enter 键。

步骤 2：将鼠标指针移动到 H3 单元格右下角的填充柄上，按住鼠标左键，将鼠标指针拖动到 H22 单元格。

3. 计算总分

步骤 1：在 Sheet1 工作表中，单击 I3 单元格，输入公式"=E3+F3+G3"

或"=SUM(E3:G3)",然后按 Enter 键。

步骤 2：将鼠标指针移动到 I3 单元格右下角的填充柄上，按住鼠标左键，将鼠标指针拖动到 I22 单元格。

4. 计算排名

步骤 1：在 Sheet1 工作表中，单击 J3 单元格，输入公式"=RANK(I3,$I$3:$I$22,0)"，然后按 Enter 键。

步骤 2：将鼠标指针移动到 J3 单元格右下角的填充柄上，按住鼠标左键，将鼠标指针拖动到 J22 单元格。

5. 填写综合评价

步骤 1：在 Sheet1 工作表中，单击 K3 单元格，输入公式 "=IF(H3<60,"不及格",IF(H3<70,"及格",IF(H3<80,"中等",IF(H3<90,"良好","优秀"))))"，然后按 Enter 键。

步骤 2：将鼠标指针移动到 K3 单元格右下角的填充柄上，按住鼠标左键，将鼠标指针拖动到 K22 单元格。

6. 统计最高分

步骤 1：在 Sheet1 工作表中，单击 E23 单元格，输入公式 "=MAX(E3:E22)"，然后按 Enter 键。

步骤 2：将鼠标指针移动到 E23 单元格右下角的填充柄上，按住鼠标左键，将鼠标指针拖动到 I23 单元格。

7. 统计最低分

步骤 1：在 Sheet1 工作表中，单击 E24 单元格，输入公式"=MIN(E3:E22)"，然后按 Enter 键。

步骤 2：将鼠标指针移动到 E24 单元格右下角的填充柄上，按住鼠标左键，将鼠标指针拖动到 I24 单元格。

8. 统计不及格人数

步骤 1：在 Sheet1 工作表中，单击 E25 单元格，输入公式"=COUNTIF(E3:E22,"<60")"，然后按 Enter 键。

步骤 2：将鼠标指针移动到 E25 单元格右下角的填充柄上，按住鼠标左键，将鼠标指针拖动到 H25 单元格。

9. 统计优秀率

步骤 1：在 Sheet1 工作表中，单击 E26 单元格，输入公式"=COUNTIF(E3:E22,">=90")/ COUNT(E3:E22)"，然后按 Enter 键。

步骤 2：将鼠标指针移动到 E26 单元格右下角的填充柄上，按住鼠标左键，将鼠标指针拖动到 H26 单元格。

步骤 3：选择 E26:H26 单元格区域，单击"开始"选项卡中"数字"组右下角的"数字格式"按钮，打开"设置单元格格式"对话框，在"数字"选项卡的"分类"列表框中选择"百分比"选项，将"小数位数"设置为 1，单击"确定"按钮。

实训 2　整理数据

一、实训要求

打开"素材文件\4-2\040202.xlsx"工作簿文件，Sheet1、Sheet2 和 Sheet3 工作表中的数据如图 4-2-4 所示（Sheet1、Sheet2、Sheet3 工作表中的数据相同）。

	A	B	C	D	E	F	G	H	I	J
1	员工编号	姓名	性别	出生日期	年龄	入职日期	工龄	职称	岗位级别	基本工资
2	0001	杨丽	女	1980-10-3	41	2015-08-01	6	助工	2级	4500
3	0002	赵青	女	1988-12-5	33	2016-08-01	5	助工	5级	4300
4	0003	陈平	男	1985-5-17	36	2010-11-01	11	工程师	5级	5200
5	0004	马红秀	女	1976-7-16	45	1997-08-01	24	工程师	5级	5800
6	0005	杨亚东	男	1980-12-10	41	2009-12-01	12	高级工程师	8级	6500
7	0006	曹丽新	男	1982-10-14	39	2006-05-01	15	工程师	1级	5600
8	0007	黄晓玲	女	1978-1-23	43	2006-03-01	15	高级工程师	5级	6800
9	0008	柴珊珊	女	1969-1-26	52	2000-01-02	21	工程师	3级	5700
10	0009	贾玉文	男	1979-12-30	42	2012-12-01	9	工程师	3级	5100
11	0010	梁洪兵	女	1970-4-28	51	1998-04-01	23	助工	5级	4900
12	0011	魏安琪	男	1977-1-18	44	1999-08-01	22	工程师	6级	5760
13	0012	吕秀丽	女	1982-10-2	39	2015-10-01	6	高级工程师	8级	6400
14	0013	杨东	男	1988-10-6	33	2013-10-01	8	工程师	5级	5000
15	0014	赵小玮	女	1969-3-30	52	1999-03-01	22	工程师	6级	5764
16	0015	马晓瑞	男	1979-3-1	42	2000-08-01	21	工程师	5级	5600
17	0016	黄凌云	男	1982-4-10	39	2009-04-01	12	工程师	7级	5100
18	0017	宋琪琪	女	1970-7-1	51	2000-07-01	21	高级工程师	3级	7200
19	0018	何俊	男	1974-1-18	47	2001-08-02	20	工程师	5级	5560
20	0019	黄海玉	男	1982-5-21	39	2008-08-01	13	助工	3级	4800
21	0020	于见其	男	1983-9-18	38	2014-08-01	7	助工	5级	4600

图 4-2-4　工作表中的数据

按如下要求进行操作。

（1）将 Sheet1 工作表中的数据按主要关键字"职称"升序，次要关键字"工龄"降序进行排序。

（2）对 Sheet1 工作表内排序后的数据进行自动筛选，筛选"性别"为"女"，"工龄"大于 10 的记录。

（3）对 Sheet2 工作表进行分类汇总，要求按职称计算基本工资的平均值。

（4）对 Sheet3 工作表中的数据进行高级筛选，条件区域起始单元格定位在 A23，将结果复制到以 A27 为开始的单元格区域，筛选职称是助工或工程师、年龄大于 40 的记录。

工作表名不变，保存"040202.xlsx"工作簿文件。

二、操作步骤

打开"素材文件\4-2\040202.xlsx"工作簿文件，操作步骤如下。

1. 排序

步骤 1：单击 Sheet1 工作表标签，显示 Sheet1 工作表的内容，选择"数据"选项卡，在"排序和筛选"组中单击"排序"按钮，弹出"排序"对话框。

步骤 2：在"主要关键字"下拉列表中选择"职称"选项，在"次序"下拉列表中选择"升序"选项。

步骤 3：单击"添加条件"按钮，在"次要关键字"下拉列表中选择"工龄"选项，在"次序"下拉列表中选择"降序"选项。设置完成后的"排序"对话框如图 4-2-5 所示，单击"确定"按钮。

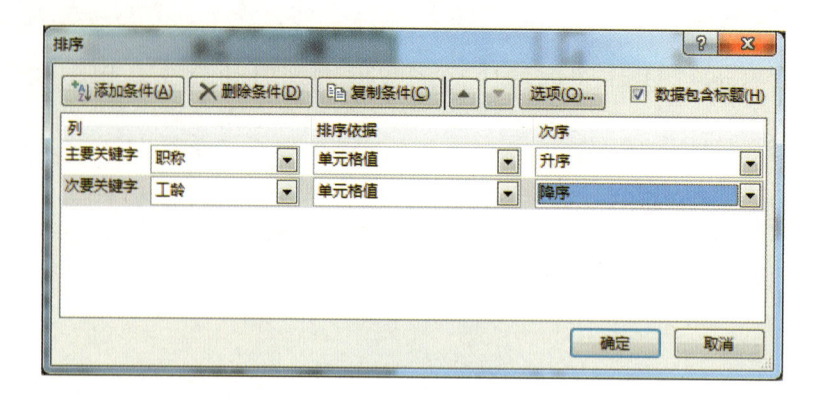

图 4-2-5　设置完成后的"排序"对话框

2. 自动筛选

步骤 1：选择"数据"选项卡，在"排序和筛选"组中单击"筛选"按钮，此时在第 1 行各个字段名上会显示下拉按钮。

步骤 2：单击"性别"后面的下拉按钮，在弹出的下拉列表中选择"文本筛选"选项，在子列表中选择"等于"选项，弹出"自定义自动筛选方式"对话框。在"等于"右侧的下拉列表中选择"女"选项，设置结果如图 4-2-6 所示，单击"确定"按钮。

图 4-2-6　筛选设置结果-性别

步骤 3：单击"工龄"后面的下拉按钮，在弹出的下拉列表中选择"数字筛选"选项,在子列表中选择"大于"选项,弹出"自定义自动筛选方式"对话框。在"大于"右侧的下拉列表框中输入"10",设置结果如图 4-2-7 所示,单击"确定"按钮。

图 4-2-7　筛选设置结果-工龄

Sheet1 工作表的筛选结果如图 4-2-8 所示。

	A	B	C	D	E	F	G	H	I	J
1	员工编号	姓名	性别	出生日期	年龄	入职日期	工龄	职称	岗位级别	基本工资
2	0017	宋琪琪	女	1970-7-1	51	2000-07-01	21	高级工程师	3级	7200
3	0007	黄晓玲	女	1978-1-23	43	2006-03-01	15	高级工程师	5级	6800
6	0004	马红秀	女	1976-7-16	45	1997-08-01	24	工程师	5级	5800
8	0014	赵小玮	女	1969-3-30	52	1999-03-01	22	工程师	6级	5764
9	0008	柴珊珊	女	1969-1-26	52	2000-01-02	21	工程师	3级	5700
17	0010	梁洪兵	女	1970-4-28	51	1998-04-01	23	助工	5级	4900

图 4-2-8　Sheet1 工作表的筛选结果

3. 分类汇总

步骤 1:单击 Sheet2 工作表标签,显示 Sheet2 工作表的内容,单击"职称"列的任意单元格,选择"数据"选项卡,在"排序和筛选"组中单击"升序"按钮。

步骤 2:选择"数据"选项卡,在"分级显示"组中单击"分类汇总"按钮,弹出"分类汇总"对话框。在"分类汇总"对话框的"分类字段"下拉列表中选择"职称"选项,在"汇总方式"下拉列表中选择"平均值"选项，在"选定汇总项"列表框中勾选"基本工资"复选框，取消勾选"选定汇总项"列表框中的其他复选框。设置完成后的"分类汇总"对话框如图 4-2-9 所示，单击"确定"按钮。

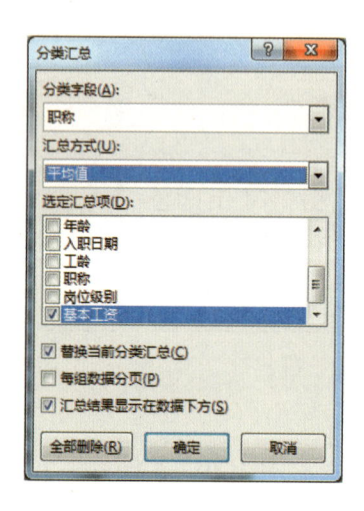

图 4-2-9　设置完成后的"分类汇总"对话框

Sheet2 工作表的分类汇总结果如图 4-2-10 所示。

	A	B	C	D	E	F	G	H	I	J
1	员工编号	姓名	性别	出生日期	年龄	入职日期	工龄	职称	岗位级别	基本工资
2	0005	杨亚东	男	1980-12-10	41	2009-12-01	12	高级工程师	8级	6500
3	0007	黄晓玲	女	1978-1-23	43	2006-03-01	15	高级工程师	5级	6800
4	0012	吕秀丽	女	1982-10-2	39	2015-10-01	6	高级工程师	8级	6400
5	0017	宋琪琪	女	1970-7-1	51	2000-07-01	21	高级工程师	3级	7200
6								高级工程师 平均值		6725
7	0003	陈平	男	1985-5-17	36	2010-11-01	11	工程师	5级	5200
8	0004	马红秀	女	1976-7-16	45	1997-08-01	24	工程师	5级	5800
9	0006	曹丽新	男	1982-10-14	39	2006-05-01	15	工程师	1级	5600
10	0008	柴珊珊	女	1969-1-26	52	2000-01-02	21	工程师	3级	5700
11	0009	贾玉文	男	1979-12-30	42	2012-12-01	9	工程师	3级	5100
12	0011	魏安琪	男	1977-1-18	44	1999-08-01	22	工程师	6级	5760
13	0013	杨东	男	1988-10-6	33	2013-10-01	8	工程师	5级	5000
14	0014	赵小玮	女	1969-3-30	52	1999-03-01	22	工程师	6级	5764
15	0015	马晓瑞	男	1979-3-1	42	2000-08-01	21	工程师	5级	5600
16	0016	黄凌云	男	1982-4-10	39	2009-04-01	12	工程师	7级	5100
17	0018	何俊	男	1974-1-18	47	2001-08-01	20	工程师	5级	5560
18								工程师 平均值		5471.273
19	0001	杨丽	女	1980-10-3	41	2015-08-01	6	助工	2级	4500
20	0002	赵青	女	1988-12-5	33	2016-08-01	5	助工	5级	4300
21	0010	梁洪兵	女	1970-4-28	51	1998-04-01	23	助工	5级	4900
22	0019	黄海玉	男	1982-5-21	39	2008-08-01	13	助工	3级	4800
23	0020	于见其	男	1983-9-18	38	2014-08-01	7	助工	5级	4600
24								助工 平均值		4620
25								总计平均值		5509.2

图 4-2-10　Sheet2 工作表的分类汇总结果

4. 高级筛选

步骤 1：在 Sheet3 工作表的 A23:B25 单元格区域输入如图 4-2-11 所示的内容。

职称	年龄
助工	>40
工程师	>40

图 4-2-11　A23:B25 单元格区域的内容

步骤 2：单击数据清单中的任意单元格，选择"数据"选项卡，在"排序和筛选"组中单击"筛选"按钮右侧的"高级"按钮，弹出"高级筛选"对话框，如图 4-2-12 所示。

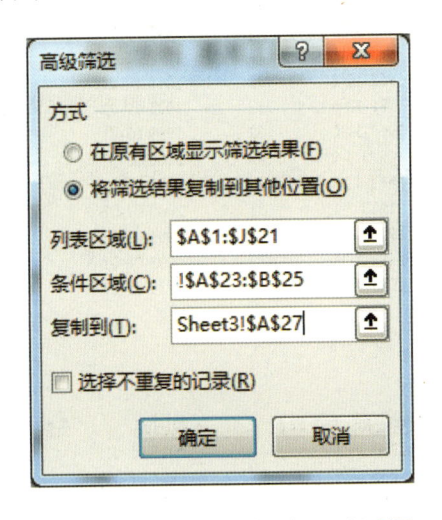

图 4-2-12　"高级筛选"对话框

步骤 3：选中"将筛选结果复制到其他位置"单选按钮，单击"列表区域"右侧的按钮，拖动鼠标指针选择单元格区域，然后单击右侧的按钮回到"高级筛选"对话框。如果已经正确选择列表区域，可以省略此步骤。

步骤 4：单击"条件区域"右侧的按钮，拖动鼠标指针选择条件区域 A23:B25，然后单击右侧的按钮回到"高级筛选"对话框。

步骤 5：单击"复制到"右侧的按钮，选择条件区域 A27，然后单击右侧的按钮回到"高级筛选"对话框，单击"确定"按钮。

Sheet3 工作表的操作结果如图 4-2-13 所示。

	A	B	C	D	E	F	G	H	I	J
1	员工编号	姓名	性别	出生日期	年龄	入职日期	工龄	职称	岗位级别	基本工资
2	0001	杨丽	女	1980-10-3	41	2015-08-01	6	助工	2级	4500
3	0002	赵青	女	1988-12-5	33	2016-08-01	5	助工	5级	4300
4	0003	陈平	男	1985-5-17	36	2010-11-01	11	工程师	5级	5200
5	0004	马红秀	女	1976-7-16	45	1997-08-01	24	工程师	5级	5800
6	0005	杨亚东	男	1980-12-10	41	2009-12-01	12	高级工程师	8级	6500
7	0006	曹丽新	男	1982-10-14	39	2006-05-01	15	工程师	1级	5600
8	0007	黄晓玲	女	1978-1-23	43	2006-03-01	15	高级工程师	5级	6800
9	0008	柴珊珊	女	1969-1-26	52	2000-01-02	21	工程师	3级	5700
10	0009	贾玉文	男	1979-12-30	42	2012-12-01	9	工程师	3级	5100
11	0010	梁洪兵	女	1970-4-28	51	1998-04-01	23	助工	5级	4900
12	0011	魏安琪	男	1977-1-18	44	1999-08-01	22	工程师	6级	5760
13	0012	吕秀丽	女	1982-10-2	39	2015-10-01	6	高级工程师	8级	6400
14	0013	杨东	男	1988-10-6	33	2013-10-01	8	工程师	5级	5000
15	0014	赵小玮	女	1969-3-30	52	1999-03-01	22	工程师	6级	5764
16	0015	马晓瑞	男	1979-3-1	42	2000-08-01	21	工程师	5级	5600
17	0016	黄凌云	男	1982-4-10	39	2009-04-01	12	工程师	7级	5100
18	0017	宋琪琪	女	1970-7-1	51	2000-07-01	21	高级工程师	3级	7200
19	0018	何俊	男	1974-1-18	47	2001-08-02	20	工程师	5级	5560
20	0019	黄海玉	男	1982-5-21	39	2008-08-01	13	助工	3级	4800
21	0020	于见其	男	1983-9-18	38	2014-08-01	7	助工	5级	4600
22										
23	职称	年龄								
24	助工	>40								
25	工程师	>40								
26										
27	员工编号	姓名	性别	出生日期	年龄	入职日期	工龄	职称	岗位级别	基本工资
28	0001	杨丽	女	1980-10-3	41	2015-08-01	6	助工	2级	4500
29	0004	马红秀	女	1976-7-16	45	1997-08-01	24	工程师	5级	5800
30	0008	柴珊珊	女	1969-1-26	52	2000-01-02	21	工程师	3级	5700
31	0009	贾玉文	男	1979-12-30	42	2012-12-01	9	工程师	3级	5100
32	0010	梁洪兵	女	1970-4-28	51	1998-04-01	23	助工	5级	4900
33	0011	魏安琪	男	1977-1-18	44	1999-08-01	22	工程师	6级	5760
34	0014	赵小玮	女	1969-3-30	52	1999-03-01	22	工程师	6级	5764
35	0015	马晓瑞	男	1979-3-1	42	2000-08-01	21	工程师	5级	5600
36	0018	何俊	男	1974-1-18	47	2001-08-02	20	工程师	5级	5560

图 4-2-13　Sheet3 工作表的操作结果

实训 3　加工数据基础知识

一、选择题

1. 在 Excel 中，用来计算平均值的函数是（　　）。

　　A．AVERAGE　　　　　　　　B．COUNT

　　C．SUM　　　　　　　　　　D．AVG

2. 在 Excel 中，下列公式正确的是（　　）。

　　A．=20(B10)/3　　　　　　　B．=A2+A3+B2

　　C．SUM(A2:A4)/2　　　　　　D．=A2:B6+D4

3. 在 Excel 数据清单中，按某一字段内容进行分类，并对每一类进行求和、求平均值等统计的操作是（　　）。

　　A．排序　　　　　　　　　　B．分类汇总

　　C．高级筛选　　　　　　　　D．自动筛选

4. 在 Sheet1 工作表中，若 A1 单元格中的值为 30，B1 单元格中的值为 40，在 C1 单元格中输入公式"=A1+B1"，则 C1 单元格中的值为（　　）。

　　A．45　　　　　　　　　　　B．55

C. 70   D. 80

5. 在 Sheet1 工作表中，若 A1 单元格中的值为 30，B1 单元格中的值为 40，A2 单元格中的值为 10，B2 单元格中的值为 20，在 C1 单元格中输入公式"=A1+B1"，将公式从 C1 单元格复制到 C2 单元格，则 C2 单元格中的值为（   ）。

A. 40   B. 30

C. 60   D. 70

6. 在 Sheet1 工作表中，若 A1 单元格中的值为 30，B1 单元格中的值为 40，在 C1 单元格中输入公式"=$A1+B$1"，则 C1 单元格中的值为（   ）。

A. 45   B. 55

C. 70   D. 80

7. 在 Sheet1 工作表中，若 A1 单元格中的值为 30，B1 单元格中的值为 40，A2 单元格中的值为 10，B2 单元格中的值为 20，在 C1 单元格中输入公式"=$A1+B$1"，将公式从 C1 单元格复制到 C2 单元格，再将公式复制到 D2 单元格，则 D2 单元格中的值为（   ）。

A. 50   B. 60

C. 70   D. 80

8. 在 Sheet1 工作表中，若在 C3 单元格中输入公式"=$A3+B$3"，然后将公式从 C3 单元格复制到 D4 单元格，则 D4 单元格中的公式为（   ）。

A．=$A4+C$3　　　　　　　　B．=A4+B4

C．$A4+B$3　　　　　　　　D．=$A3+B$3

9．在 Excel 的单元格中可以使用公式与函数进行数据输入。若 A5 单元格的内容为"张三"，B5 单元格的内容为 8000，要使 C5 单元格的内容得到"张三工资为 8000"，则公式为（　　）。

A．=A5+工资为+B5　　　　　B．=A5+"工资为"+B5

C．=A5&+工资为+&B5　　　　D．=A5&"工资为"&B5

10．在工作表中，如果选择了输入公式的单元格，则在单元格中显示（　　）。

A．公式　　　　　　　　　　B．公式的结果

C．公式和结果　　　　　　　D．空白

11．在工作表中，如果选择了输入公式的单元格，则在编辑栏中显示（　　）。

A．公式　　　　　　　　　　B．公式的结果

C．公式和结果　　　　　　　D．空白

12．如果在 A1、B1 和 C1 三个单元格中分别输入数据"1""2""3"，再选择 D1 单元格，然后单击工具栏中的"Σ"按钮，则在 D1 单元格显示（　　）。

A．=SUM(A1:C1)　　　　　　B．=TOTAL(A1:C1)

C．=AVERAGE(A1:C1)　　　　D．=COUNT(A1:C1)

13．在 Excel 中，下列关于分类汇总的叙述错误的是（　　）。

A．分类汇总前必须按关键字段排序

B．汇总方式只能是求和

C．分类汇总的关键字段只能有一个

D．分类汇总可以被删除，但删除汇总后，排序操作不能撤销

14．在 Excel 中，下列关于排序功能的叙述不正确的是（　　）。

A．既可以对整个数据清单排序，也可以只排序其中的一部分

B．既可以按升序排序，也可以按降序排序

C．既可以按一个字段排序，也可以按多个字段排序

D．只可以用自定义序列里有的序列排序

二、填空题

1．Excel 中有多个常用的简单函数，其中函数 AVERAGE 的功能是求范围内所有数字的_____。

2．在单元格中输入公式时，输入的第一个符号是_____。

3．求工作表中 A1 到 A6 单元格中数据的和，可以使用公式_____。

4．在 Excel 中，若在某单元格内输入 5 除以 7 的计算结果，可以输入_____。

5．用于计算工作表中一串数值的总和的函数是_____。

6．C1 单元格中的公式为"=A1+B1"，将公式复制到 C2 单元格时，则 C2 单元格中的公式为_____。

7．C1 单元格中的公式为"=$A$1+B1"，将公式复制到 C2 单元格时，C2 单元格中的公式为_____。

8．在 Sheet1 工作表中引用 Sheet3 工作表中的 B3 单元格，格式为_____。

9．在 Excel 中的某单元格中输入"=-5+6*7"，则按 Enter 键后此单元格显示为_____。

10．求 B5 到 B10 单元格中数据的和应该使用函数_____。

任务 3　分析数据

实训知识点

1. 掌握创建数据透视表的方法。

2. 掌握制作和编辑图表的方法。

实训 1　创建数据透视表

一、实训要求

打开"素材文件\4-3\040301.xlsx"工作簿文件，Sheet1 工作表中的数据如图 4-3-1 所示。

按如下要求进行操作。

建立数据透视表，汇总不同性别、不同职称员工的工资的平均值。

	A	B	C	D	E	F	G	H	I	J
1	员工编号	姓名	性别	出生日期	年龄	入职日期	工龄	职称	岗位级别	基本工资
2	0001	杨丽	女	1980-10-3	41	2015-08-01	6	助工	2级	4500
3	0002	赵青	女	1988-12-5	33	2016-08-01	5	助工	5级	4300
4	0003	陈平	男	1985-5-17	36	2010-11-01	11	工程师	5级	5200
5	0004	马红秀	女	1976-7-16	45	1997-08-01	24	工程师	5级	5800
6	0005	杨亚东	男	1980-12-10	41	2009-12-01	12	高级工程师	8级	6500
7	0006	曹丽新	男	1982-10-14	39	2006-05-01	15	工程师	1级	5600
8	0007	黄晓玲	女	1978-1-23	43	2006-03-01	15	高级工程师	5级	6800
9	0008	柴珊珊	女	1969-1-26	52	2000-01-02	21	工程师	3级	5700
10	0009	贾玉文	男	1979-12-30	42	2012-12-01	9	工程师	3级	5100
11	0010	梁洪兵	女	1970-4-28	51	1998-04-01	23	助工	5级	4900
12	0011	魏安琪	男	1977-1-18	44	1999-08-01	22	工程师	6级	5760
13	0012	吕秀丽	女	1982-10-2	39	2015-10-01	6	高级工程师	8级	6400
14	0013	杨东	男	1988-10-6	33	2013-10-01	8	工程师	5级	5000
15	0014	赵小玮	女	1969-9-30	52	1999-03-01	22	工程师	6级	5764
16	0015	马晓瑞	女	1979-3-1	42	2000-08-01	21	工程师	5级	5600
17	0016	黄凌云	男	1982-4-10	39	2009-04-01	12	工程师	7级	5100
18	0017	宋琪琪	女	1970-7-1	51	2000-07-01	21	高级工程师	3级	7200
19	0018	何俊	男	1974-1-18	47	2001-08-02	20	工程师	5级	5560
20	0019	黄海玉	男	1982-5-21	39	2008-08-01	13	助工	3级	4800
21	0020	于见其	男	1983-9-18	38	2014-08-01	7	助工	5级	4600

图 4-3-1　Sheet1 工作表中的数据

二、操作步骤

打开"素材文件\4-3\040301.xlsx"工作簿文件，操作步骤如下。

步骤 1：单击 Sheet1 工作表数据清单中的任意单元格，选择"插入"选项卡，在"表格"组中单击"数据透视表"按钮，弹出"创建数据透视表"对话框，如图 4-3-2 所示。

步骤 2：单击"表/区域"右侧的按钮，选择当前的数据清单 A1:J21 单元格区域，如果此处已正确选择，则忽略此步骤。

步骤 3：在"选择放置数据透视表的位置"选区中选中"新工作表"单选按钮，单击"确定"按钮。在数据表的右侧会显示"数据透视表字段"窗格，如图 4-3-3 所示。

053

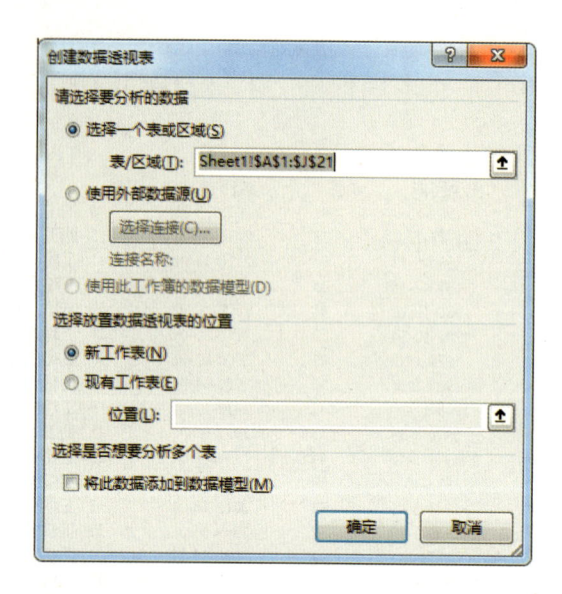

图 4-3-2 "创建数据透视表"对话框

图 4-3-3 "数据透视表字段"窗格

步骤 4：将字段列表框中的"性别"字段拖动到"行"区域，"职称"字段拖动到"列"区域，"基本工资"字段拖动到"值"区域。

步骤 5：单击"值"区域中的"平均值项:基本工资"下拉按钮，在弹出的下拉列表中选择"值字段设置"选项，会弹出"值字段设置"对话框，在"值字段设置"对话框中"值汇总方式"选项卡的"计算类型"列表框中选择"平均值"选项，单击"确定"按钮。

新工作表中的数据透视表如图 4-3-4 所示。

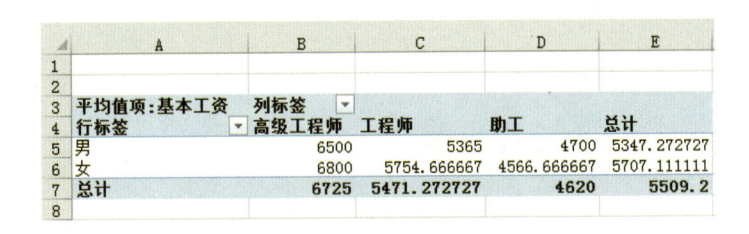

	A	B	C	D	E
1					
2					
3	平均值项:基本工资	列标签			
4	行标签	高级工程师	工程师	助工	总计
5	男	6500	5365	4700	5347.272727
6	女	6800	5754.666667	4566.666667	5707.111111
7	总计	6725	5471.272727	4620	5509.2
8					

图 4-3-4　新工作表中的数据透视表

实训 2　图表制作和编辑

一、实训要求

打开"素材文件\4-3\040302.xlsx"工作簿文件，在 Sheet1 工作表中插入嵌入式图表，效果如图 4-3-5 所示，按如下要求进行操作。

1. 创建图表

（1）数据源："姓名"列（B2:B7 单元格区域）和"数学""语文""英

语"列（C2:E7 单元格区域。）

（2）图表类型：簇状柱形图。

（3）图表位置：A8:H28 单元格区域。

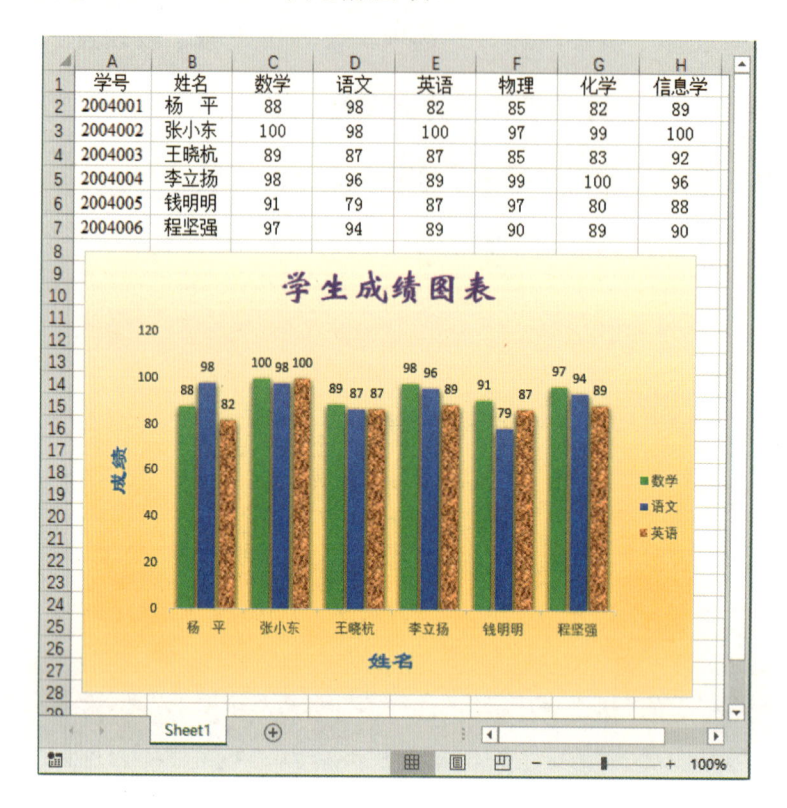

图 4-3-5　案例效果

2. 编辑图表

（1）图表样式：样式 14。

（2）配色方案：彩色调色板 4。

3. 设置图表布局及美化图表

（1）图表标题：学生成绩图表，将字体格式设置为华文新魏、24 号、标准色紫色。

（2）图例位置：右侧。

（3）分类轴标题：姓名，将字体格式设置为隶书、16号、标准色蓝色。

（4）数值轴标题：成绩，将字体格式设置为隶书、16号、标准色蓝色。

（5）将图表区的背景颜色设置为预设渐变填充中的"顶部聚光灯-个性色4"。

（6）将"英语"系列填充为纹理中的"软木塞"。

二、操作步骤

打开"素材文件\4-3\040302.xlsx"工作簿文件，操作步骤如下。

1. 创建图表

步骤1：选择要创建图表的数据源，本例中选择B2:E7单元格区域。

步骤2：在"插入"选项卡的"图表"组中单击"插入柱形图或条形图"按钮，在弹出的下拉列表中选择"簇状柱形图"选项。

步骤3：将图表拖动到指定位置，并调整其大小，如图4-3-6所示。

2. 编辑图表

步骤1：在"图表工具-设计"选项卡的"图表样式"组中选择相应的样式，如果没有想要的样式，可以单击"其他"按钮，展开"图表样式"列表，从中选择图表样式，本案例中选择"样式14"选项。

步骤 2：单击"图表样式"组中的"更改颜色"按钮，在弹出的下拉列表中选择图表不同的配色方案，本案例中选择"彩色调色板 4"选项。

编辑后的图表如图 4-3-7 所示。

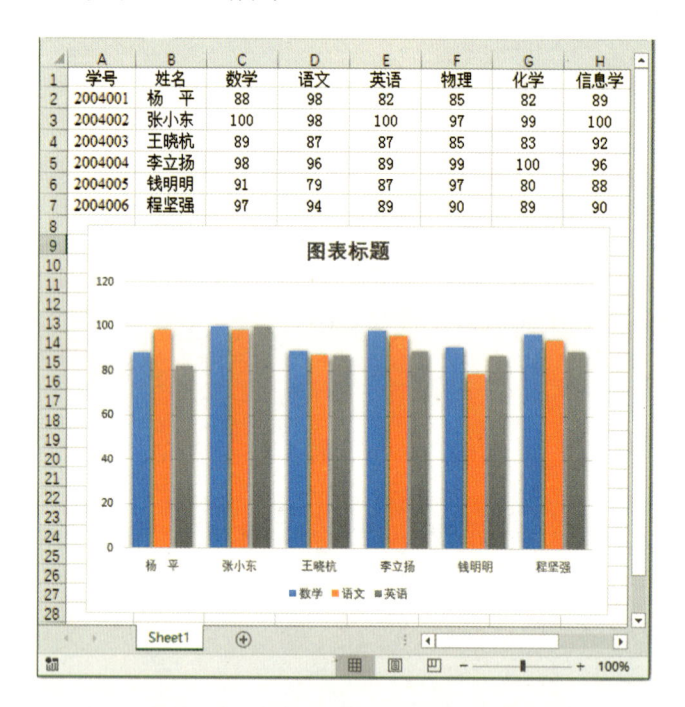

图 4-3-6　调整图表的位置和大小

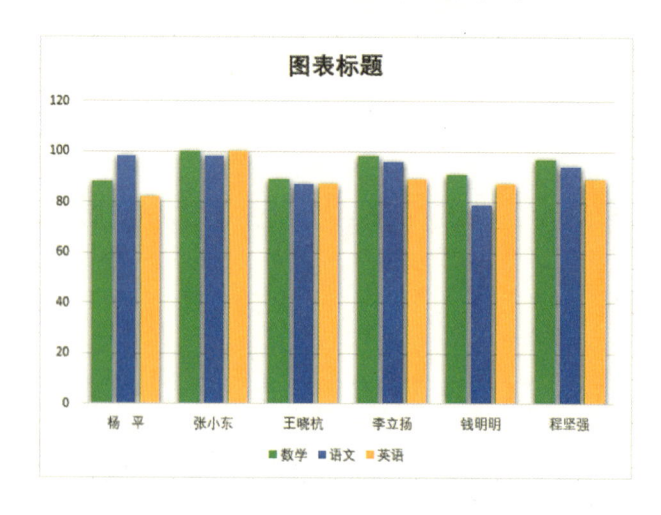

图 4-3-7　编辑后的图表

3. 设置图表布局

步骤 1：添加图表中的元素。单击"图表布局"组中的"添加图表元素"按钮，在弹出的下拉列表中选择需要添加的图表元素及其位置。本例中选择"坐标轴标题"子列表中的"主要横坐标轴"选项和"主要纵坐标轴"选项，"图例"子列表中的"右侧"选项，"数据标签"子列表中的"数据标签外"选项。

步骤 4：修改标题文字，本案例中将"图表标题"文本框中的文字修改为"学生成绩图表"，"坐标轴标题"文本框中的文字分别修改为"姓名"和"成绩"。

设置布局后的图表如图 4-3-8 所示。

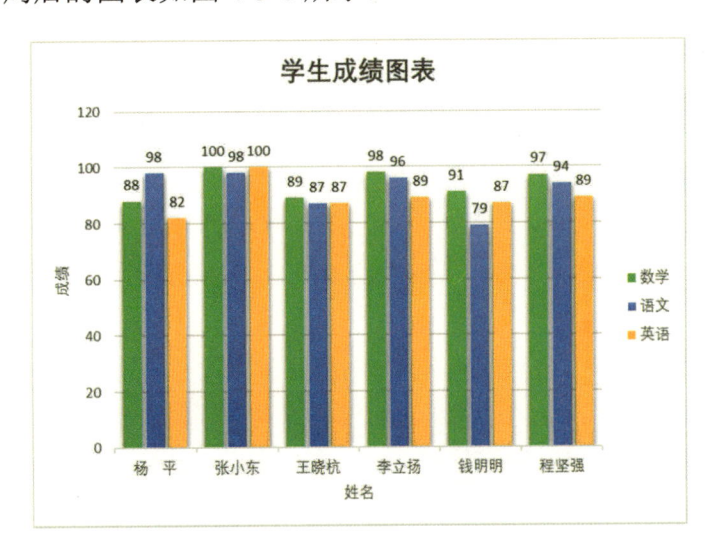

图 4-3-8　设置布局后的图表

4. 美化图表

步骤 1：设置图表标题、分类轴标题和坐标轴标题的字体格式。选择图表标题，将字体格式设置为华文新魏、24 号、标准色紫色。分别选择"成绩"

和"姓名"分类轴标题,将字体格式设置为隶书、16号、标准色蓝色。

步骤2:设置图表区背景。选择图表区,在"图表工具-格式"选项卡的"形状样式"组中单击"形状填充"按钮,在弹出的下拉列表中选择"渐变"→"其他渐变"选项,在窗口右侧弹出"设置图表区格式"窗格,如图4-3-9所示,在"填充"选区选中"渐变填充"单选按钮,在"预设渐变"下拉列表中选择"顶部聚光灯-个性色4"选项。

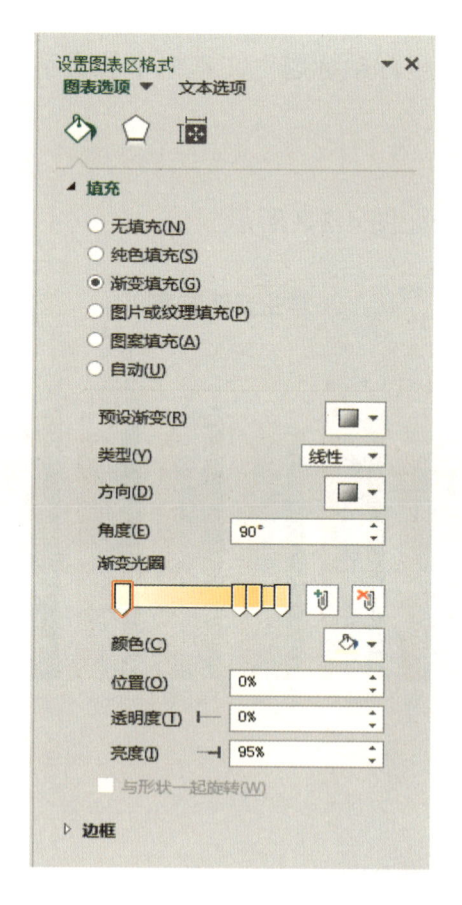

图4-3-9 "设置图标区格式"窗格

步骤3:设置系列填充。选择"系列-英语"选项,在"图表工具-格式"选项卡的"形状样式"组中单击"形状填充"按钮,在弹出的下拉列表中选择"纹理"→"软木塞"选项。

美化后的图表如图 4-3-10 所示。

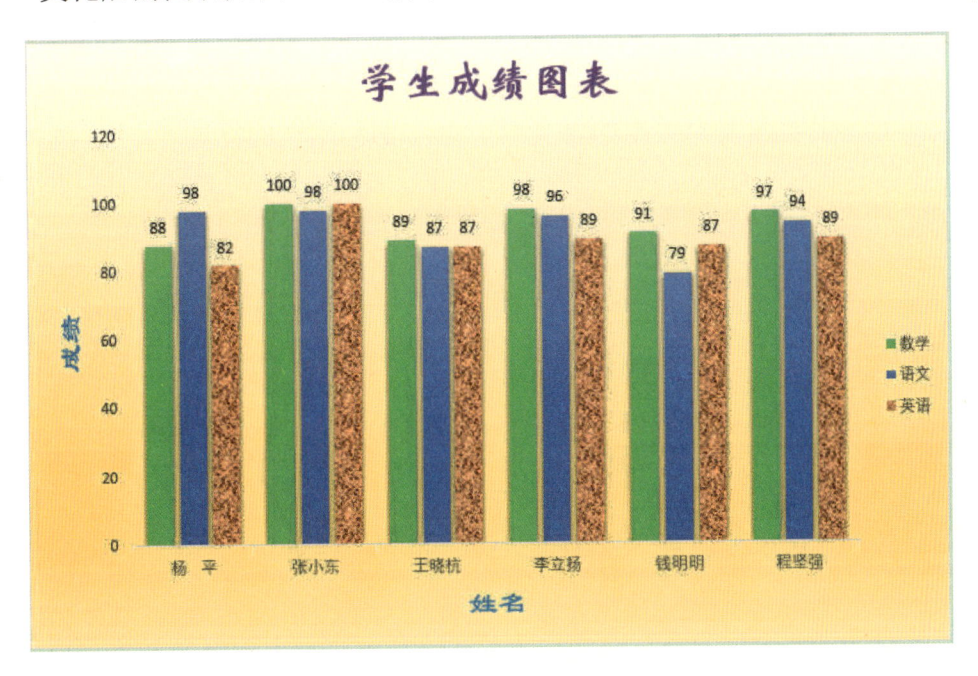

图 4-3-10　美化后的图表

实训 3　分析数据基础知识

一、选择题

1. 在 Excel 工作表中，已经创建好的图表中的图例（　　）。

　　A．可以删除　　　　　　　　　　B．不可改变其位置

　　C．只能在图表向导中修改　　　　D．不能修改

2. 在工作表中创建图表时，若选定的区域中有文字，则文字一般作为（　　）。

  A．图表中的数据   B．图表中行或列的坐标

  C．说明图表中数据的含义 D．图表的标题

3. 下列关于 Excel 图表的说法，正确的是（　　）。

  A．图表不能嵌入当前工作表，只能作为新工作表保存

  B．无法从工作表中产生图表

  C．图表只能嵌入当前工作表，不能作为新工作表保存

  D．图表既可以嵌入当前工作表，也可以作为新工作表保存

4. 在 Excel 中，图表中的（　　）会随着工作表中的数据的变化而发生相应的变化

  A．图例   B．系列数据的值

  C．图表类型   D．图表位置

5. 在 Excel 图表中，能反映出数据变化趋势的图表类型是（　　）

  A．柱形图   B．饼图

  C．气泡图   D．折线图

二、填空题

1. 在 Excel 中，数据可以以图形方式在图表中显示，此时生成图表的工

作表数据与数据系列链接。当修改工作表中的数据时，图表_____。

2．在 Excel 中，根据数据表制作图表时，可以对_____、_____等进行设置。

3．已经创建柱形图，现要将柱形图修改为饼图，可以选中柱形图，右击后选择_____命令。

4．在图表上选中不需要的图例，按_____键可以直接删除。

5．在 Excel 中，显示一个整体内各部分所占的比例，通常选择的图表类型是_____。

任务 4　初识大数据

实训知识点

1. 了解大数据基础知识。

2. 了解大数据的采集和分析方法。

实训　大数据基础知识

一、选择题

1. 以下哪个不是大数据的特征？（　　）

　　A．体量大　　　　　　　　B．多样化

　　C．结构化　　　　　　　　D．速度快

2. 大数据的起源是（　　）。

　　A．金融　　　　　　　　　　B．电信

　　C．互联网　　　　　　　　　D．公共管理

3. 大数据最显著的特征是（　　）。

　　A．数据规模大　　　　　　　B．数据类型多样

　　C．数据处理速度快　　　　　D．数据价值密度高

4. 在当前社会中，最为突出的大数据环境是（　　）。

　　A．互联网　　　　　　　　　B．物联网

　　C．综合国力　　　　　　　　D．自然资源

5. 大数据的安全需求不包括（　　）。

　　A．机密性　　　　　　　　　B．完整性

　　C．访问控制　　　　　　　　D．语义正确性

二、填空题

1. 在维基百科中，_____的定义是"一些使用传统数据库管理工具或数据处理应用很难处理的大型而复杂的数据集"。

2. 首次提出"大数据"概念是在_____年。

3. 大数据有五大特征，分别是_____、_____、_____、

_____、_____。

    4．大数据的采集方法一般有_____、_____、_____等。

    5．大数据的处理流程包括_____、_____、_____、_____、_____。

第 5 章
程序设计入门

任务 1　了解程序设计的理念

实训知识点

1. 了解程序设计基础知识。

2. 了解常见的程序设计语言。

3. 理解用程序设计解决问题的逻辑思维理念。

实训 1　程序设计基础知识

一、填空题

1. 指令是给计算机下达的基本命令，它是一条_____。

2. 程序是为实现特定目标的一条或多条编程_____。

3．对于计算机来说，根据人设定好的程序自动完成一些指令，叫作_____。

4．_____就是将问题解决的方法步骤编写成计算机可执行的程序的过程。

二、论述题

1．请谈一谈程序设计思维在生活中有哪些应用。

2．请谈一谈你对指令和程序的理解。

实训2　常见的程序设计语言

一、填空题

1．人们和计算机沟通的语言是程序设计语言，程序设计语言包括_____和_____。

2．机器语言是一种比较低级的语言，又称为_____。

3．机器语言和汇编语言都是直接面向机器的，统称为_____。

4．_____是以人们的日常语言为基础的一种编程语言，能够直接表达运算操作和逻辑关系，增强了程序代码的可读性和易维护性。

5．程序设计语言经历了三个发展阶段：＿＿＿＿＿＿、＿＿＿＿＿＿和＿＿＿＿＿＿。

6．＿＿＿＿＿＿是一门通用的计算机语言，功能丰富，使用灵活。

7．＿＿＿＿＿＿是一门面向对象的语言，可以编写桌面应用程序、Web应用程序、分布式系统和嵌入式应用程序等。

8．程序设计方法主要有＿＿＿＿＿＿＿＿和＿＿＿＿＿＿＿＿两种。

二、论述题

1．请你谈一谈低级语言与高级语言的区别。

2．请举例说说你了解哪些高级语言。

实训3　用程序设计解决问题的逻辑思维理念

一、实训要求

（1）了解设计算法的思路。

（2）了解使用流程图表示算法的方法。

（3）了解程序设计的过程。

二、操作步骤

1. 问题描述

计算 1+2+3+…+100 的结果，即 $\sum_{n=1}^{100} n$。

2. 问题分析

（1）累加问题，需要重复 99 次加法运算。

（2）重复加法运算可以设计循环结构实现。

（3）加数从列表中取下一个整数。

3. 算法设计

根据对问题的分析，算法的流程如图 5-1-1 所示。

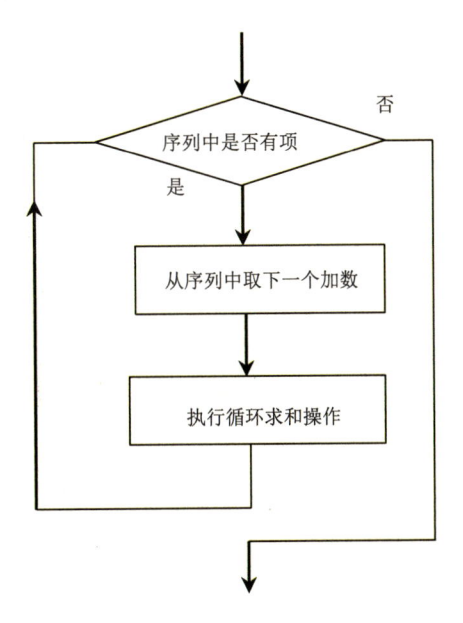

图 5-1-1　算法的流程

4. 程序代码

```
print("计算 1+2+…+100 的结果为：")
sum = 0                      #保存累加结果的变量
for i in range(101):         #逐个获取从 1 到 100 这些值，并累加
    sum += i
print(sum)
```

运行结果如图 5-1-2 所示。

```
============== RESTART: C:/Users/Administrator/Desktop/5-12.py ==============
计算 1+2+…+100 的结果为：
5050
>>>
```

图 5-1-2　运行结果

任务 2

设计简单的程序

实训知识点

1. 了解程序设计语言的基础知识。

2. 编辑、运行和调试简单程序。

3. 了解典型算法。

4. 使用功能库扩展程序功能。

实训 1　程序设计语言的基础知识

一、选择题

1. Python 通过（　　）判断操作是否在分支结构中。

A．花括号 B．括号

C．缩进 D．冒号

2．以下不是 While 循环的特点的是（　　）。

A．提高程序的复用性

B．能够无限循环

C．必须提供循环的次数

D．可能会出现死循环

3．在 Python 中可以终结一个循环的保留字是（　　）。

A．exit B．break

C．continue D．if

二、填空题

1．运行 Python 程序有两种方式：_____和_____。

2．交互式指 Python 解释器_____。

3．文件式指用户将_____，然后启动 Python 解释器批量执行文件中的代码。

4．Python 程序的默认扩展名为_____。

5．Python 中的变量包含 3 个基本要素：_____、_____、_____。

6. Python 有 5 种基本对象类型，分别是_____、_____、_____、_____、_____。

7. 314.15 用科学计数法表示为_____。

8. 布尔数是_____，在 Python 中，"真"值用 True 表示，"假"值用 False 表示。

9. "2**4"的值为_____。

10. "10>40/2"的值为_____。

11. "16>8 and 59>42"的值为_____。

12. Python 中的注释有单行注释和多行注释，其中单行注释以_____开头，多行注释用_____或_____将注释括起来。

13. Python 的输入、输出语句可以用_____和_____函数实现。

14.
```
name="Zhang Ming"
pass=2006
print("姓名：",user_name,"出生年月：",user_pass)
```

运行上面的代码，可以看到如下输出结果：

_____

实训 2　编辑、运行和调试简单程序

一、实训要求

1．掌握安装 Python 程序的方法。

2．掌握启动 Python IDLE 集成开发环境的方法。

3．掌握运行 Python 程序的方法。

二、操作步骤

1．下载并安装 Python 程序

步骤 1：Python 语言解释器是免费的软件，可以从 Python 语言官方网站下载，Python 语言解释器官方网站下载页面如图 5-2-1 所示。下载合适的版本，在本机安装后就可以使用。本章以 Python 3.7（64 位）作为开发环境，操作系统为 Windows 7（64 位）。

步骤 2：双击下载的程序，安装 Python 解释器，将显示一个如图 5-2-2 所示的安装程序引导窗口，在该窗口中勾选"Add Python 3.7 to PATH"复选框。

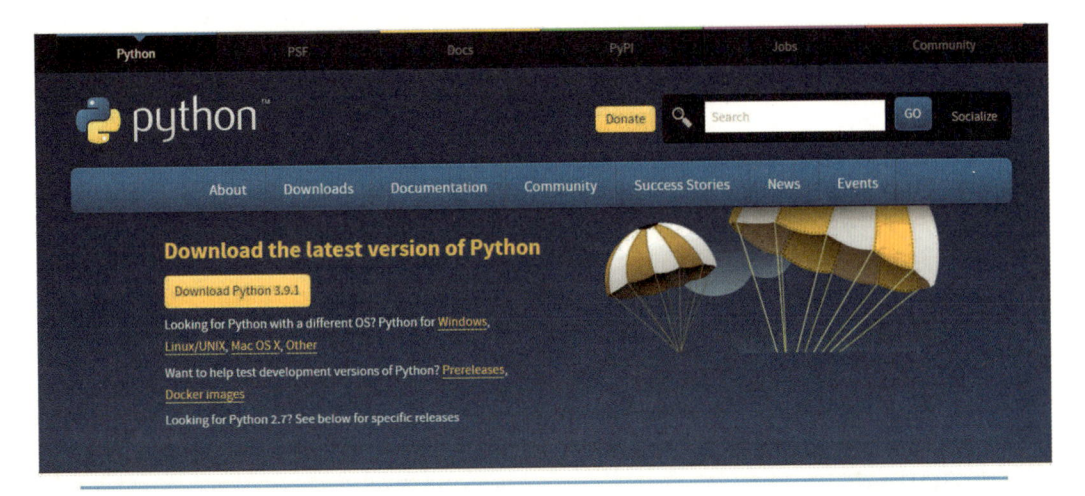

图 5-2-1　Python 语言解释器官方网站下载页面

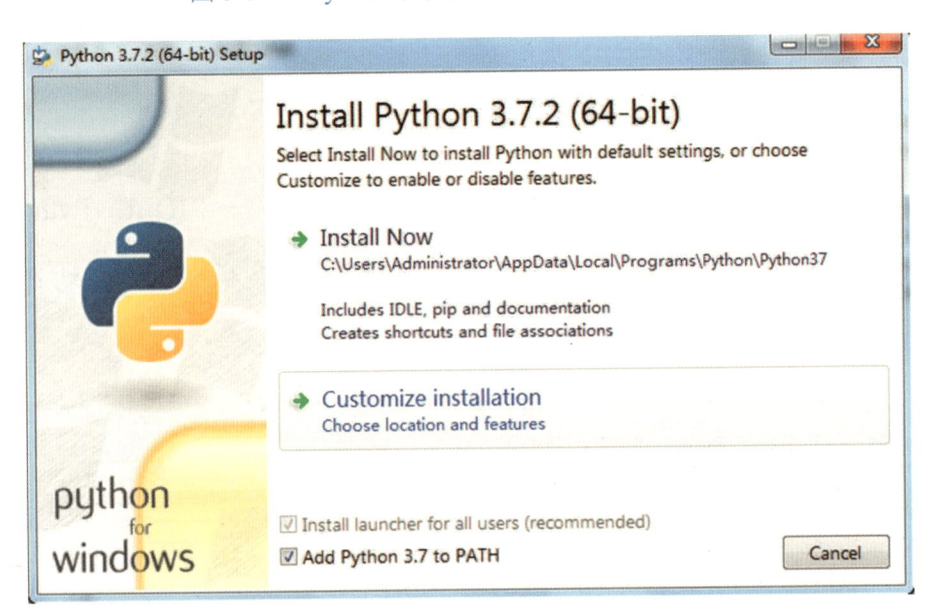

图 5-2-2　安装程序引导窗口

安装成功后的窗口如图 5-2-3 所示。

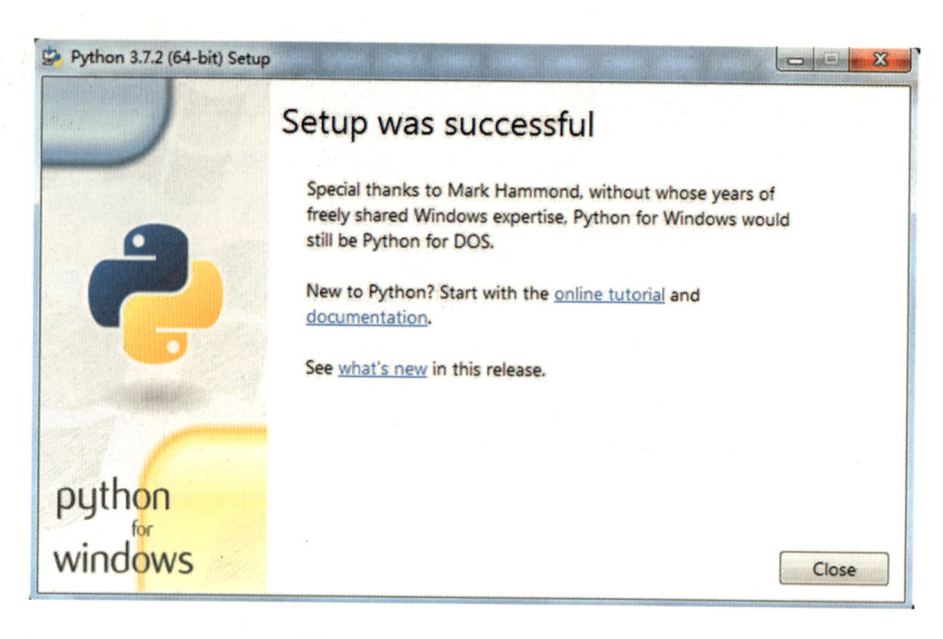

图 5-2-3　安装成功后的窗口

2. 启动 Python IDLE 集成开发环境

在"开始"菜单选择"所有程序"→"Python 3.7"→"IDLE（Python 3.7 64-bit）"命令，进入 Python IDLE 集成开发环境，如图 5-2-4 所示。启动 Python 的 IDLE 后，可以在提示符后输入 Python 命令。

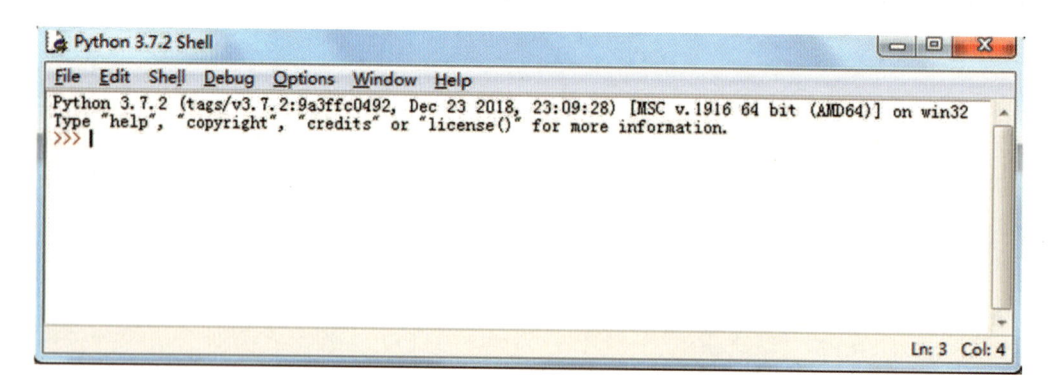

图 5-2-4　Python IDLE 集成开发环境

3. 运行 Python 程序

运行 Python 程序有两种方式：交互式和文件式。

方式 1：交互式。

交互式指 Python 解释器即时响应用户输入的每条代码，给出输出结果。例如，在 IDLE 中运行 "hello world" 程序，效果如图 5-2-5 所示。

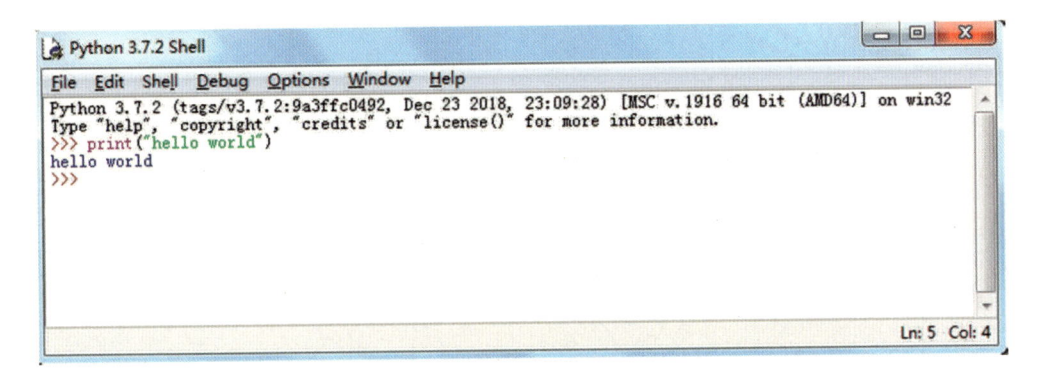

图 5-2-5　在 IDLE 中运行 "hello world" 程序的效果

方式 2：文件式。

文件式指用户将 Python 程序写在一个或多个文件中，然后启动 Python 解释器批量执行文件中的代码。文件式是最常用的编程方式。Python 程序的默认扩展名为 ".py"。

在 Python IDLE 中选择 "File" → "New File" 命令，打开编辑器窗口，输入 Python 程序，如 "print("hello world")"，将程序以 "hello.py" 为文件名存盘。编辑窗口如图 5-2-6 所示，按 F5 键可以直接运行该程序，运行结果如图 5-2-7 所示。

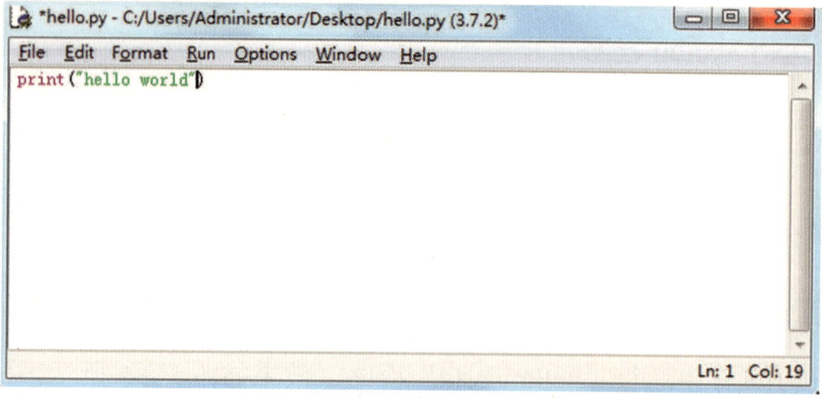

图 5-2-6　编辑窗口

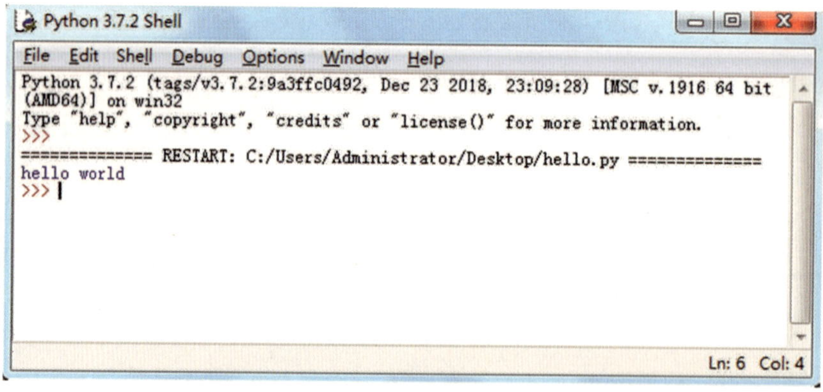

图 5-2-7　运行结果

实训 3　典型算法实例

一、实训要求

中国古代数学家张丘建在他的《算经》中提出了一个著名的"百钱买百鸡问题"：鸡翁一，值钱五；鸡母一，值钱三；鸡雏三，值钱一。凡百钱买鸡百只，问翁、母、雏各几何？编程实现将所有可能的方案输出在屏幕上。

二、操作步骤

步骤 1：解决该问题的基本思路是首先分析鸡翁可能的个数为 0～20，鸡母可能的个数为 0～33，鸡雏可能的个数为 3～99。需要用穷举法判断，且需要符合的条件有 3 个：一是总价值为 100，即鸡翁*5+鸡母*3+鸡雏/3 为 100；二是鸡翁+鸡母+鸡雏的个数为 100；三是鸡雏的个数为 3 的倍数。

步骤 2：在"开始"菜单中选择"所有程序"→"Python3.7"→"IDLE（Python3.7 64-bit）"命令，进入 Python IDLE 集成开发环境。

步骤 3．在 Python IDLE 中选择"File"→"New File"命令，打开编辑器窗口，新建"hen.py"源文件，输入 Python 程序代码，如图 5-2-8 所示。

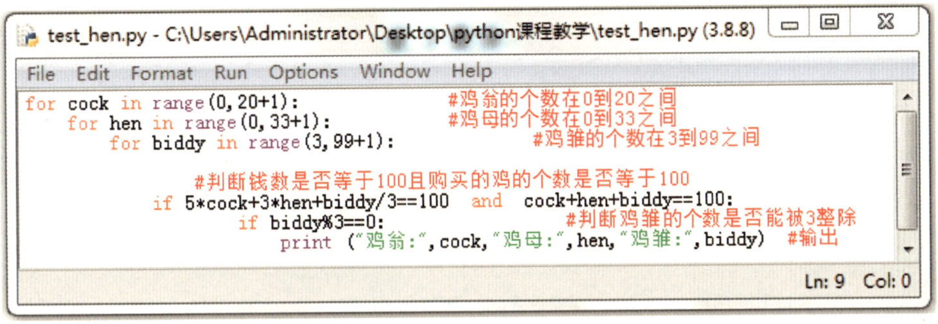

图 5-2-8　输入 Python 程序代码

"hen.py"源文件中的程序代码如下。

```
for cock in range(0,20+1):           #鸡翁的个数在 0 到 20 之间
    for hen in range(0,33+1):         #鸡母的个数在 0 到 33 之间
        for biddy in range(3,99+1):   #鸡雏的个数在 3 到 99 之间
            #判断钱数是否等于 100 且购买的鸡的个数是否等于 100
```

```
            if 5*cock+3*hen+biddy/3==100 and cock+hen+biddy==100:
                if biddy%3==0:          #判断鸡雏的个数是否能被3整除
                    print ("鸡翁:",cock,"鸡母:",hen,"鸡雏:",biddy)
                                         #输出
```

步骤 3：在 IDLE 编辑环境中按 F5 键可以直接运行该程序。运行结果如图 5-2-9 所示。

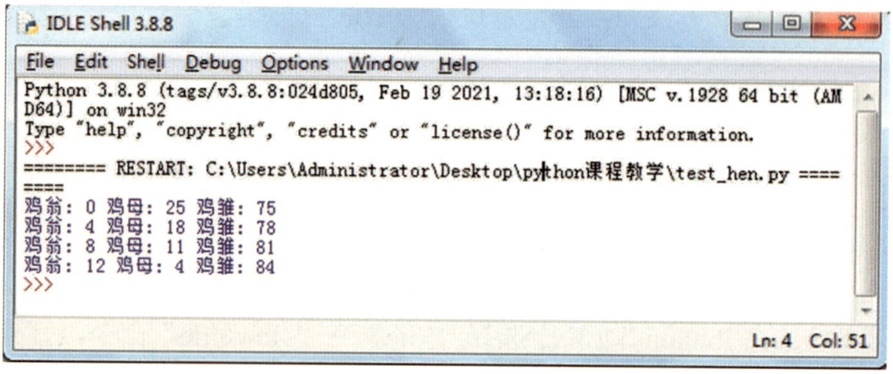

图 5-2-9　运行结果

实训 4　使用 turtle 库绘制矩形

一、实训要求

（1）掌握创建 Python 源文件的方法。

（2）掌握 turtle 工具的使用。

（3）掌握矩形的绘制方法。

（4）掌握运行 Python 源文件的方法。

二、操作步骤

步骤 1：在"开始"菜单中选择"所有程序"→"Python 3.7"→"IDLE（Python3.7 64-bit）"命令，进入 Python IDLE 集成开发环境，如图 5-2-10 所示。

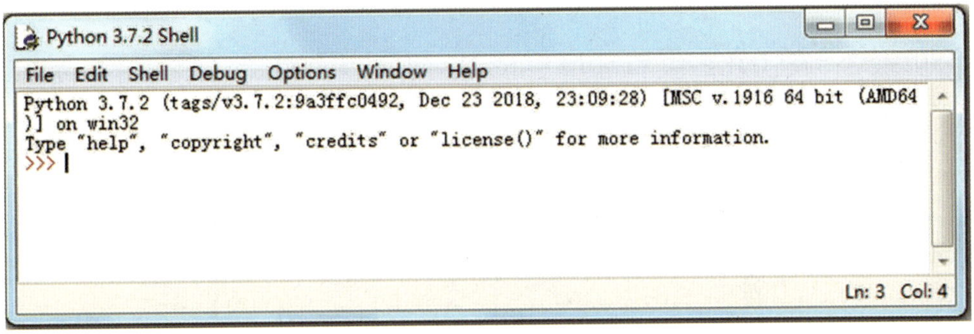

图 5-2-10　Python IDLE 集成开发环境

步骤 2：在 Python IDLE 中选择"File"→"New File"命令，打开编辑器窗口，新建"绘制-矩形.py"源文件，输入 Python 程序代码，如图 5-2-11 所示。

在"绘制-矩形.py"源文件中编辑的程序代码如下。

```
import turtle
import time
for i in range(4):
    turtle.fd(100)
    turtle.left(90)
#休眠3秒
time.sleep(3)
```

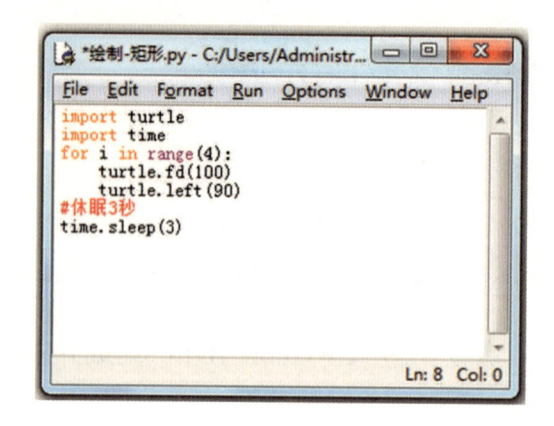

图 5-2-11　输入 Python 程序代码

步骤 3：在 IDLE 编辑环境中按 F5 键可以直接运行该程序，运行结果如图 5-2-12 所示。

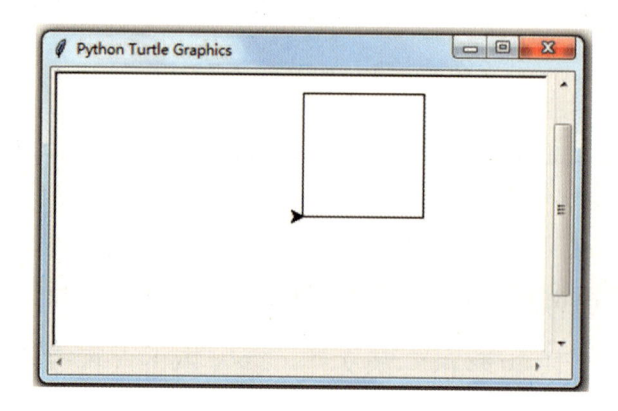

图 5-2-12　运行结果

实训 5　使用 turtle 库绘制等边三角形

一、实训要求

（1）掌握创建 Python 源文件的方法。

(2)掌握 turtle 工具的使用。

(3)掌握绘制等边三角形的方法。

(4)掌握运行 Python 源文件的方法。

二、操作步骤

步骤 1：在"开始"菜单中选择"所有程序"→"Python 3.7"→"IDLE（Python3.7 64-bit）"命令，进入 Python IDLE 集成开发环境。

步骤 2：在 Python IDLE 中选择"File"→"New File"命令，打开编辑器窗口，新建"绘制-等边三角形.py"源文件，输入 Python 程序代码。

在"绘制-等边三角形.py"源文件中编辑的程序代码如下。

```
import turtle
import time
turtle.fd(100)
turtle.left(120)
turtle.fd(100)
turtle.left(120)
turtle.fd(100)
time.sleep(3)
```

步骤 3：在 IDLE 编辑环境中按 F5 键可以直接运行该程序，运行结果如图 5-2-13 所示。

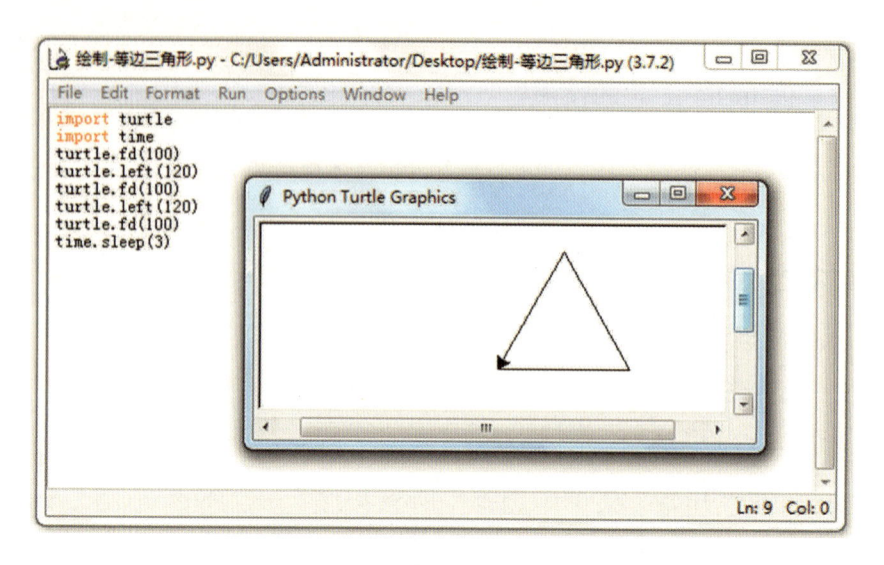

图 5-2-13　运行结果

实训 6　使用 turtle 库绘制正方形螺旋线

一、实训要求

（1）掌握创建 Python 源文件的方法。

（2）掌握 turtle 工具的使用。

（3）掌握绘制正方形螺旋线的方法。

（4）掌握运行 Python 源文件的方法。

二、操作步骤

步骤 1：在"开始"菜单中选择"所有程序"→"Python 3.7"→"IDLE

（Python3.7 64-bit）"命令，进入 Python IDLE 集成开发环境。

步骤 2：在 Python IDLE 中选择"File"→"New File"命令，打开编辑器窗口，新建"绘制-正方形螺旋线.py"源文件，输入 Python 程序代码。

在"绘制-正方形螺旋线.py"源文件中编辑的程序代码如下。

```python
import turtle as t
for i in range(3,300,6):
    t.fd(i)
    t.left(90)
```

步骤 3：在 IDLE 编辑环境中按 F5 键可以直接运行该程序，运行结果如图 5-2-14 所示。

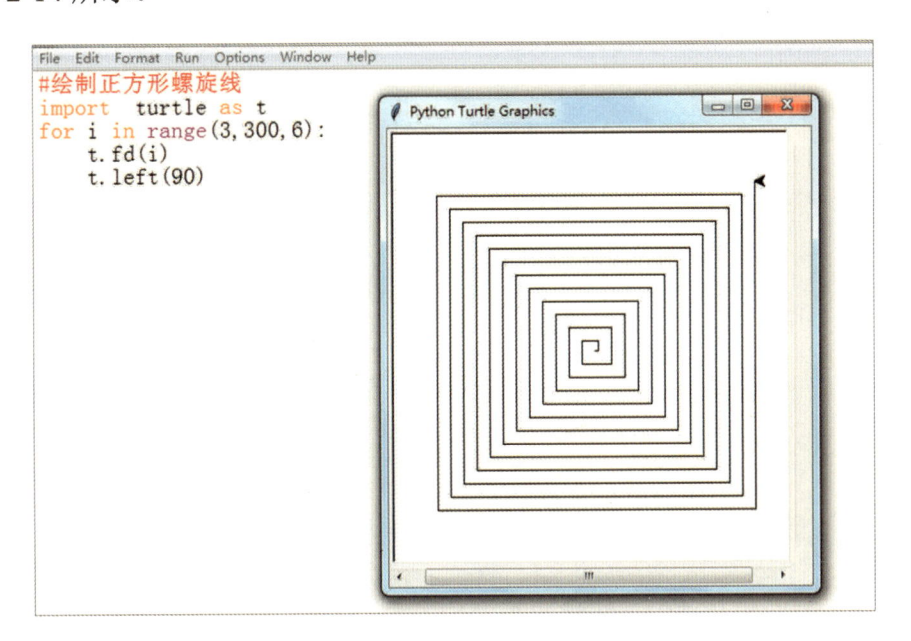

图 5-2-14　运行结果

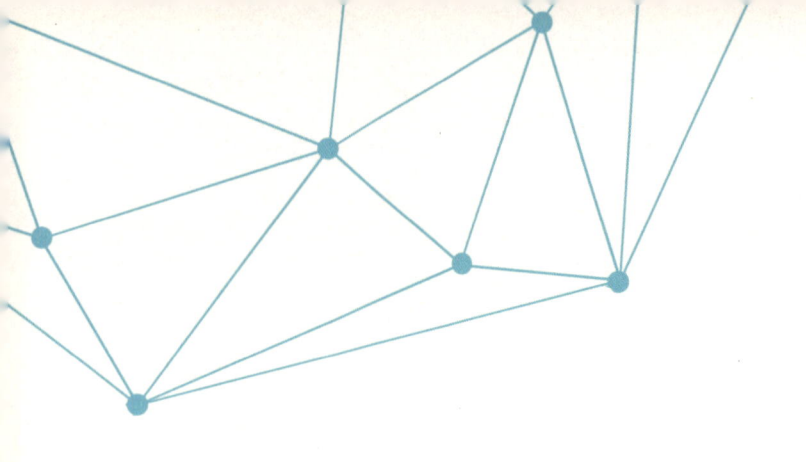

第 6 章
数字媒体技术应用

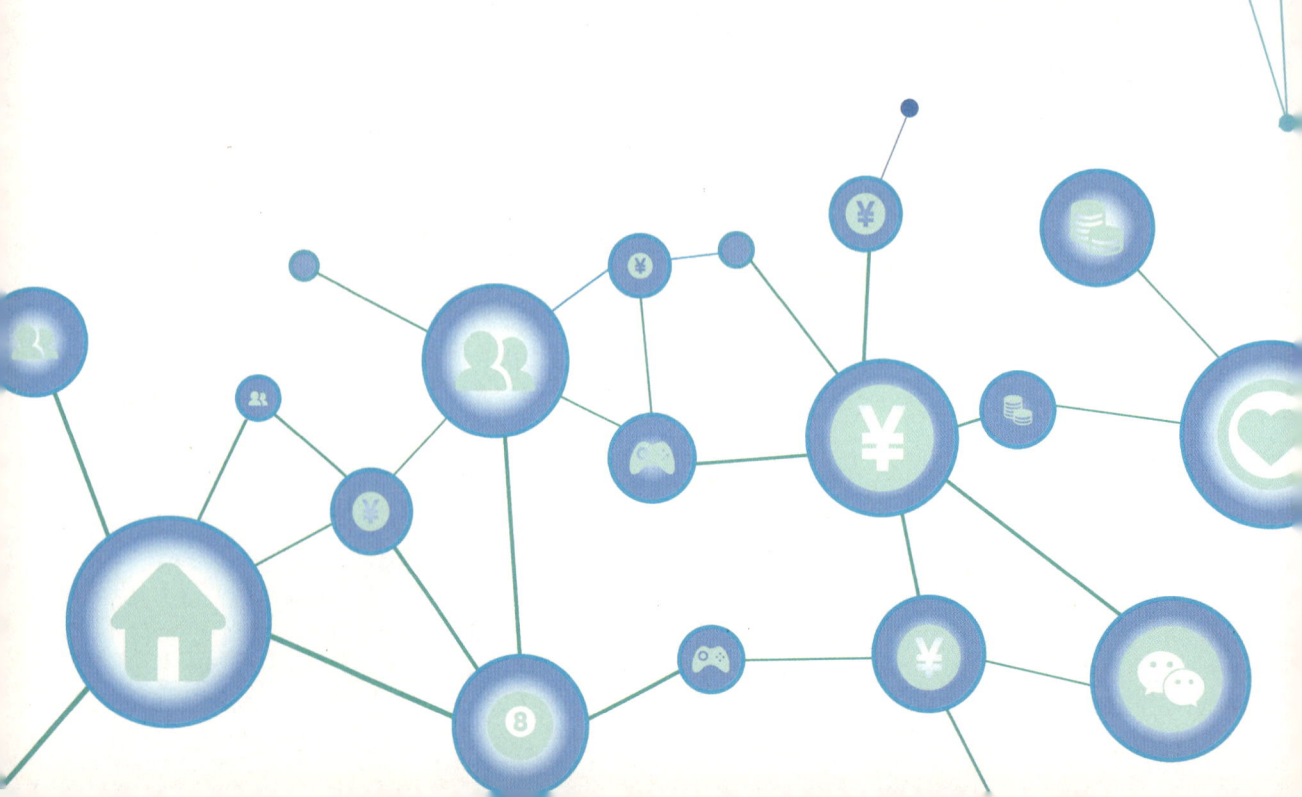

任务 1　　获取数字媒体素材

实训知识点

1. 了解数字媒体技术的基本概念。

2. 掌握各种媒体文件的格式。

3. 了解获取信息的方法。

实训　数字媒体基础知识

一、选择题

1．数字媒体技术是指通过计算机和通信技术，把（　　）经过数字化采集、编辑、存储、加工、处理，以单独或合成方式表现出来，使抽象的信息变为可感知、可管理、可交互的一体化技术。

  A．文字、图形和音视频

  B．文字和图形

  C．文字和动画

  D．文字、图形、图像、动画和音视频

2．（ ）格式是 Windows 操作系统中使用的标准数字音频格式。

  A．MP3   B．WAV

  C．MIDI   D．CD

二、填空题

1．互联网中常用的图像文件的格式是＿＿＿＿格式。

2．数字动画文件的格式有＿＿＿＿、＿＿＿＿、＿＿＿＿、＿＿＿＿等。

3．获取文本素材的常用方法有＿＿＿＿、＿＿＿＿、＿＿＿＿和＿＿＿＿。

4．获取图像素材的常用方法有＿＿＿＿、＿＿＿＿、＿＿＿＿、＿＿＿＿、＿＿＿＿、＿＿＿＿。

5．采集计算机屏幕上的图像有两种方法。一种是按＿＿＿＿键或＿＿＿＿组合键，屏幕信息就被保存在剪贴板中，然后按＿＿＿＿组合键粘贴即可；另一种方法是使用抓图软件采集屏幕中的信息。

6．在计算机屏幕上截屏或抓屏生成的图片的扩展名是＿＿＿＿。

任务 2　加工数字媒体

实训知识点

1. 掌握使用美图秀秀编辑图像的方法。

2. 掌握使用迅捷音频转换器编辑音频素材的方法。

3. 掌握使用视频编辑专家编辑视频素材的方法。

4. 掌握使用 Adobe Flash Professional 制作简单动画的方法。

实训 1　编辑图像素材

一、实训要求

打开移动设备上美图秀秀的某一版本，按如下要求进行操作。

（1）打开美图秀秀，进入工作界面。

（2）选择一幅图片，进行格式调整。

（3）将调整后的图片保存为 JPG 文件。

二、操作步骤

点击"美图秀秀"图标，进入软件主界面，如图 6-2-1 所示，并进行如下操作。

图 6-2-1　美图秀秀主界面

1. 调整色调

步骤 1：点击"图片美化"按钮，选择一幅图片，素材图片如图 6-2-2 所示。

图 6-2-2　素材图片

步骤 2：依次点击"调色"→"色彩"→"饱和度"按钮，将"饱和度"设置为+49。

步骤 3：点击"色温"按钮，将"色温"设置为+30。

步骤 4：依次点击"细节"→"清晰度"按钮，将"清晰度"设置为+100。

步骤 5：点击"√"按钮，效果如图 6-2-3 所示。

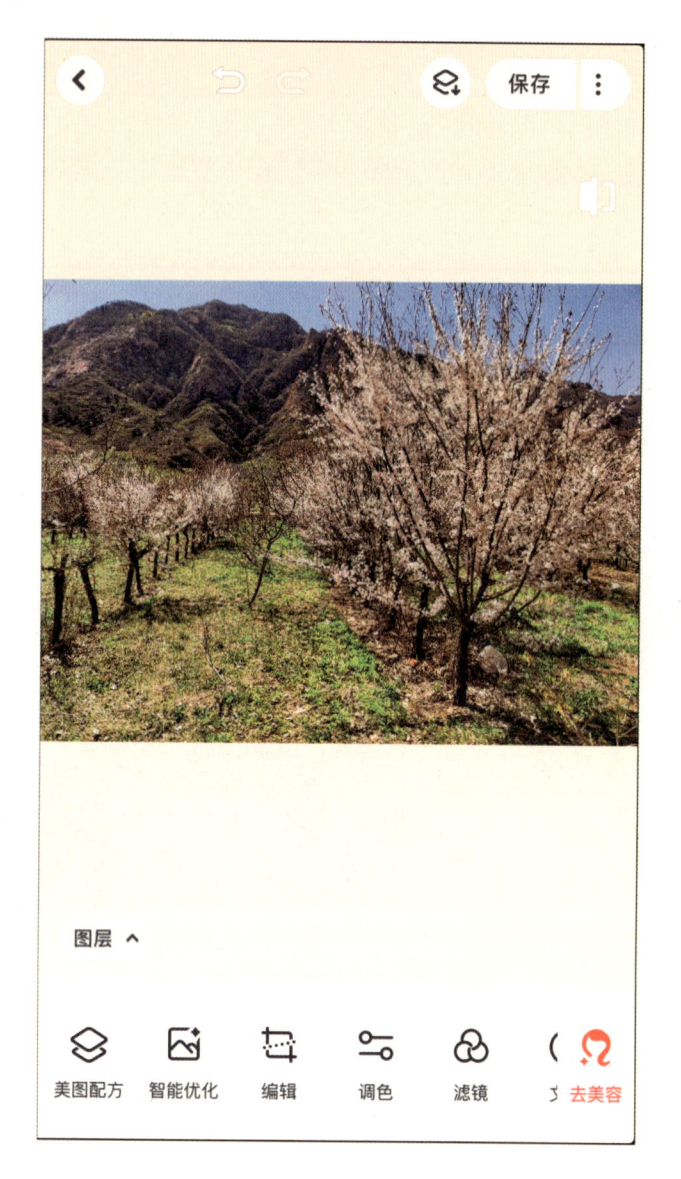

图 6-2-3　调整色调后的素材图片

2. 添加边框

步骤 1：点击"边框"按钮，选择一个喜欢的样式，如"海报"选项卡中的"May"样式，如图 6-2-4 所示。

步骤 2：点击"√"按钮。

第 6 章　数字媒体技术应用

图 6-2-4　添加"May"边框

3. 保存文件

步骤 1：单击"保存"按钮。

步骤 2：退出美图秀秀。

步骤3：在相册中找到编辑后的图片，效果如图6-2-5所示。

图6-2-5　图片效果

实训2　编辑音频素材

一、实训要求

打开计算机中迅捷音频转换器的某一版本，按如下要求进行操作。

（1）打开迅捷音频转换器，进入工作界面。

（2）将音频文件进行剪切、合并和转换，提取视频中的音频。

（3）保存音频文件。

二、操作步骤

启动迅捷音频转换器，进入软件主界面，如图 6-2-6 所示，并进行如下操作。

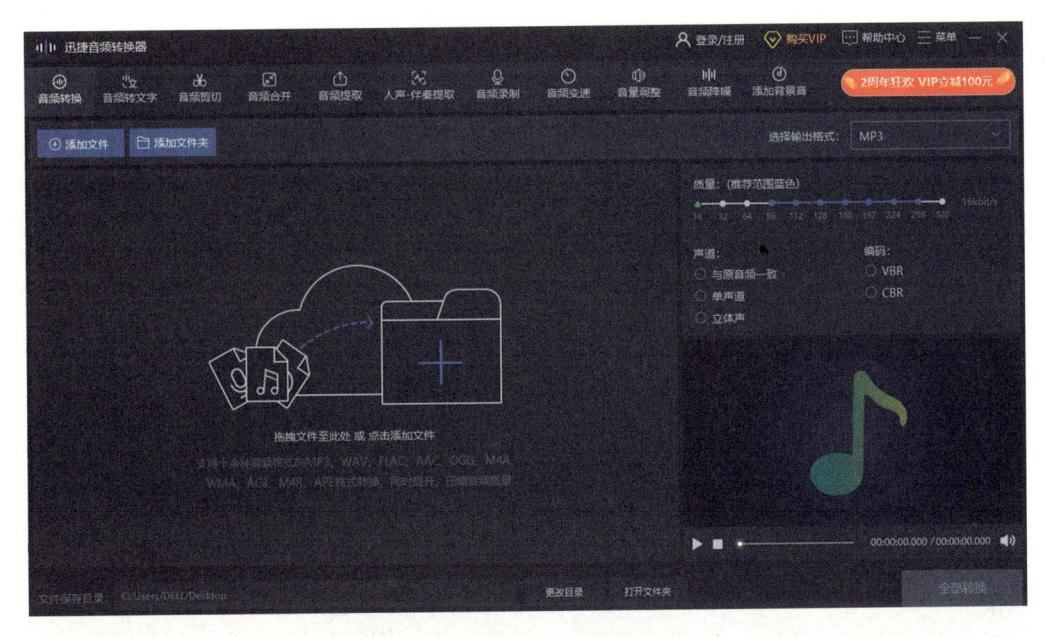

图 6-2-6　迅捷音频转换器主界面

1. 剪切音频

步骤 1：单击软件界面的"音频剪切"按钮，再单击"添加文件"按钮，在弹出的"请选择音频文件"对话框中选择要剪切的音频文件，如"一起向未来.mp3"。

步骤 2：在右边的编辑框中进行音乐的剪辑分割，选择"手动分割"选项卡。

步骤 3：当音乐播放到想要的开始位置时，单击"当前片段范围"下左侧框中的表形图标，设置开始点。

步骤 4：继续播放音乐，当音乐播放到想要的结束位置时，单击"当前片段范围"下右侧框中的表形图标，设置结束点。

步骤 5：单击"添加到列表"按钮，将分割后的音频文件添加到"输出文件列表"窗格中，在"文件保存目录"区域选择保存文件的位置，单击"全部剪切"按钮开始剪切，如图 6-2-7 所示。

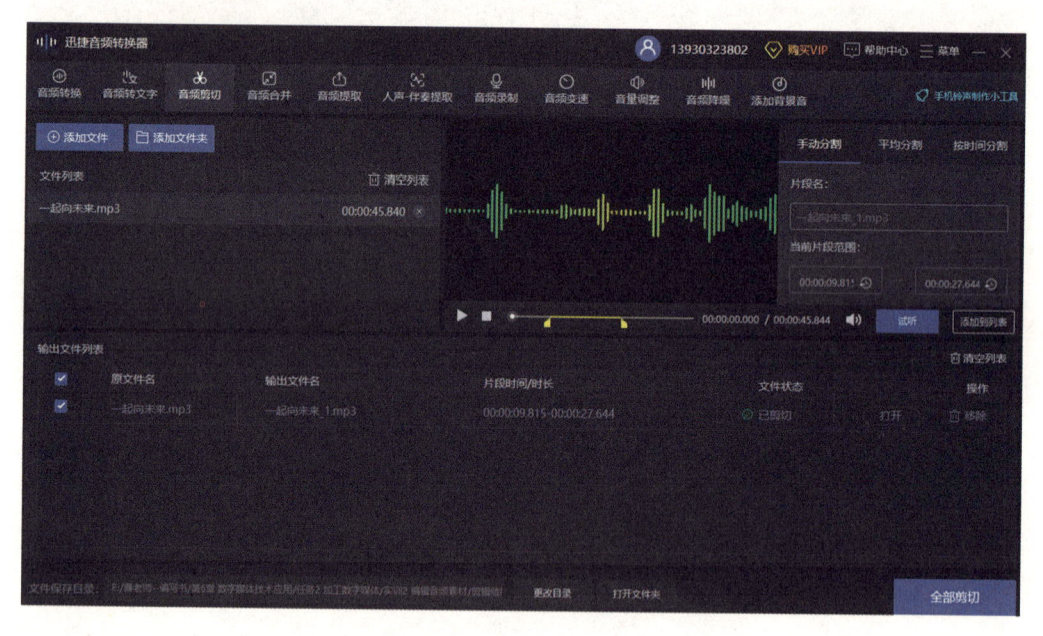

图 6-2-7　单击"全部剪切"按钮

步骤 6：单击"打开文件夹"按钮，可以查看剪切后的音频文件。

2. 合并音频

步骤 1：单击软件界面中的"音频合并"按钮，再单击"添加文件夹"

按钮,在弹出的"浏览文件夹"对话框中选择要合并的音频文件所在的文件夹,如"一起向未来片段"文件夹。

步骤 2:单击每个音频片段后方的"上移"或"下移"按钮改变片段的顺序。

步骤 3:单击"添加到列表"按钮。

步骤 4:单击"开始合并"按钮进行合并,如图 6-2-8 所示。

图 6-2-8　单击"开始合并"按钮

步骤 5:单击"打开文件夹"按钮,可以查看合并后的音频文件。

3. 提取音频

步骤 1:单击软件界面的"音频提取"按钮,再单击"添加文件"按钮,在弹出的"请选择视频文件"对话框中选择要提取音频的视频文件,如"海鸥.mp4"。

步骤 2：拖动视频播放窗格下方的黄色滑块设置提取音频的起始位置。

步骤 3：单击"添加到列表"按钮。

步骤 4：单击"全部提取"按钮进行提取，如图 6-2-9 所示。

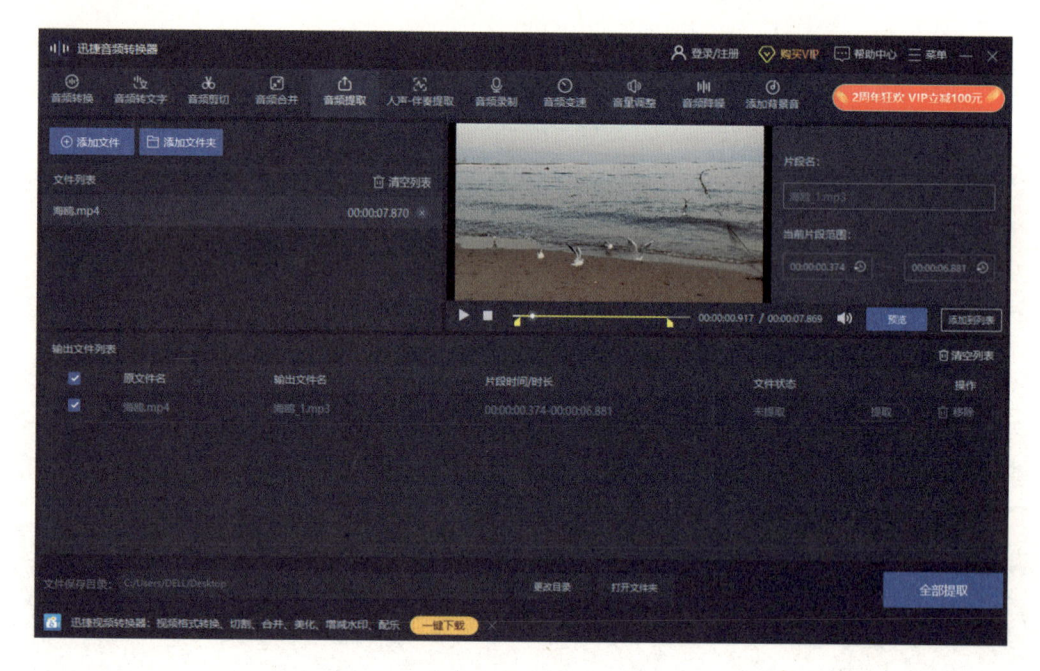

图 6-2-9　单击"全部提取"按钮

步骤 5：单击"打开文件夹"按钮，可以查看提取后的音频文件。

4. 转换音频

步骤 1：单击软件界面的"音频转换"按钮，再单击"添加文件"按钮，在弹出的"请选择视频文件"对话框中选择要进行转换的音频文件，如"音频转换.wav"。

步骤 2：在右侧窗格中选择输出格式，如"mp3"格式。

步骤3：还可以根据需要选择声道和编码。

步骤4：单击"全部转换"按钮进行转换，如图6-2-10所示。

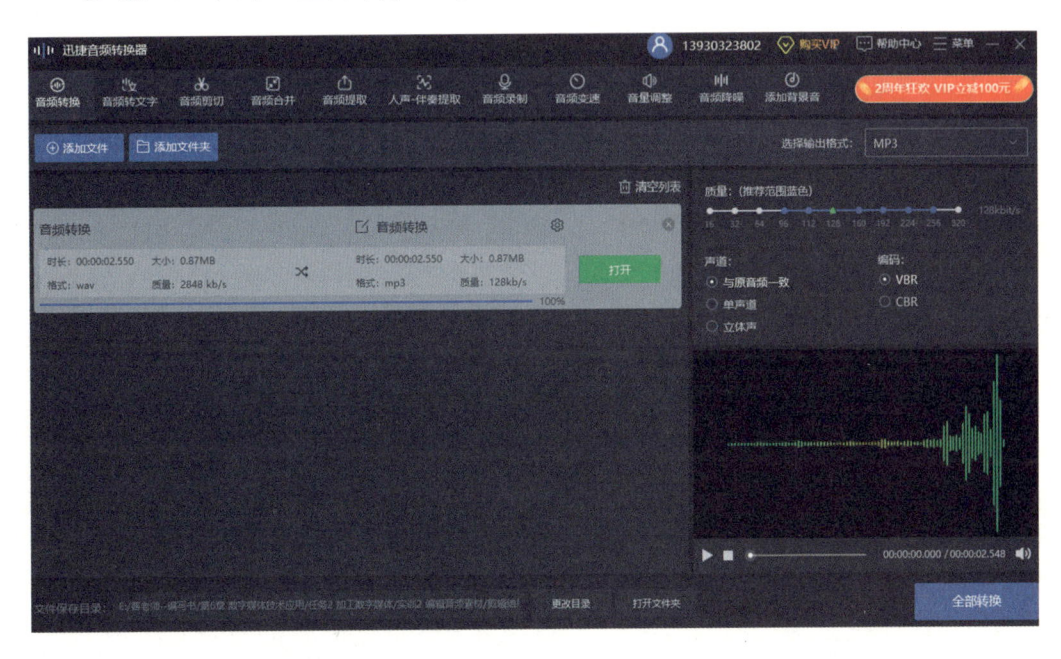

图 6-2-10　单击"全部转换"按钮

步骤5：单击"打开文件夹"按钮，可以查看转换后的音频文件。

实训3　编辑视频素材

一、实训要求

打开计算机中视频编辑专家的某一版本，按如下要求进行操作。

（1）打开视频编辑专家，进入工作界面。

（2）将视频文件进行分割，并为视频配乐和制作字幕。

（3）保存视频文件。

二、操作步骤

启动视频编辑专家，进入软件主界面，如图 6-2-11 所示，并进行如下操作。

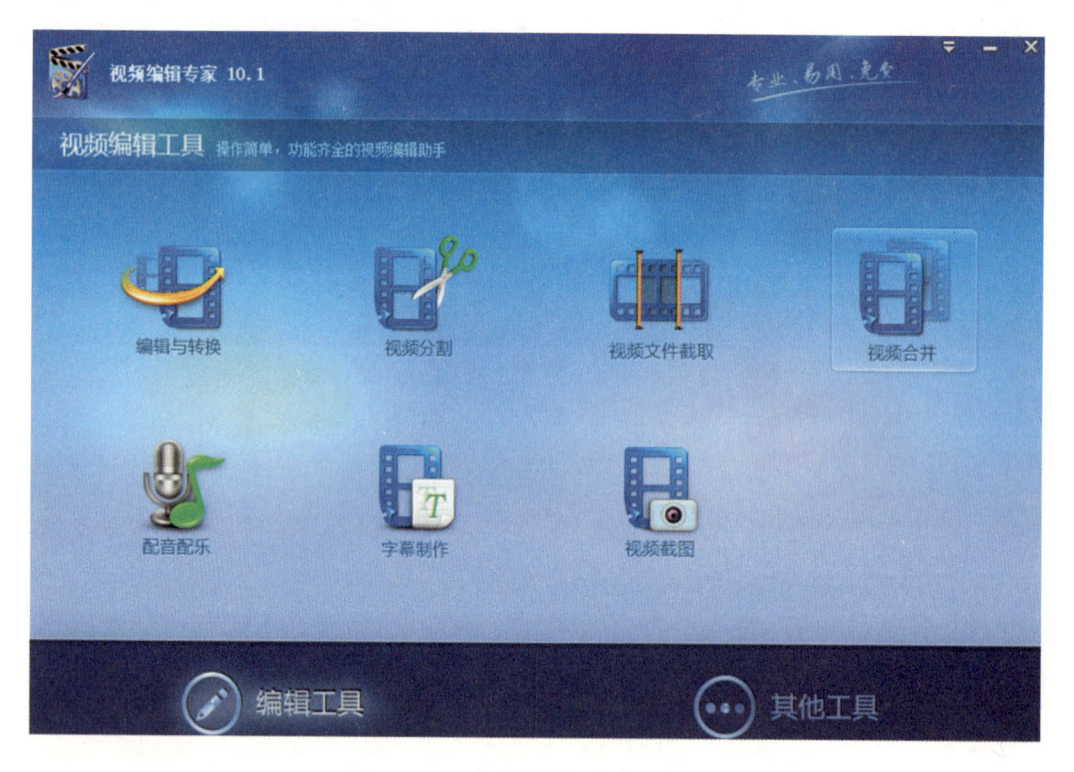

图 6-2-11　视频编辑专家主界面

1. 分割视频

步骤 1：单击软件界面的"视频分割"按钮，再单击"添加文件"按钮，在弹出的"打开"对话框中选择要分割的视频文件，如"大海.mp4"。

步骤2：单击"输出目录"右侧的按钮，选择输出的文件夹，再单击"下一步"按钮进入"分割设置"窗口，如图6-2-12所示。

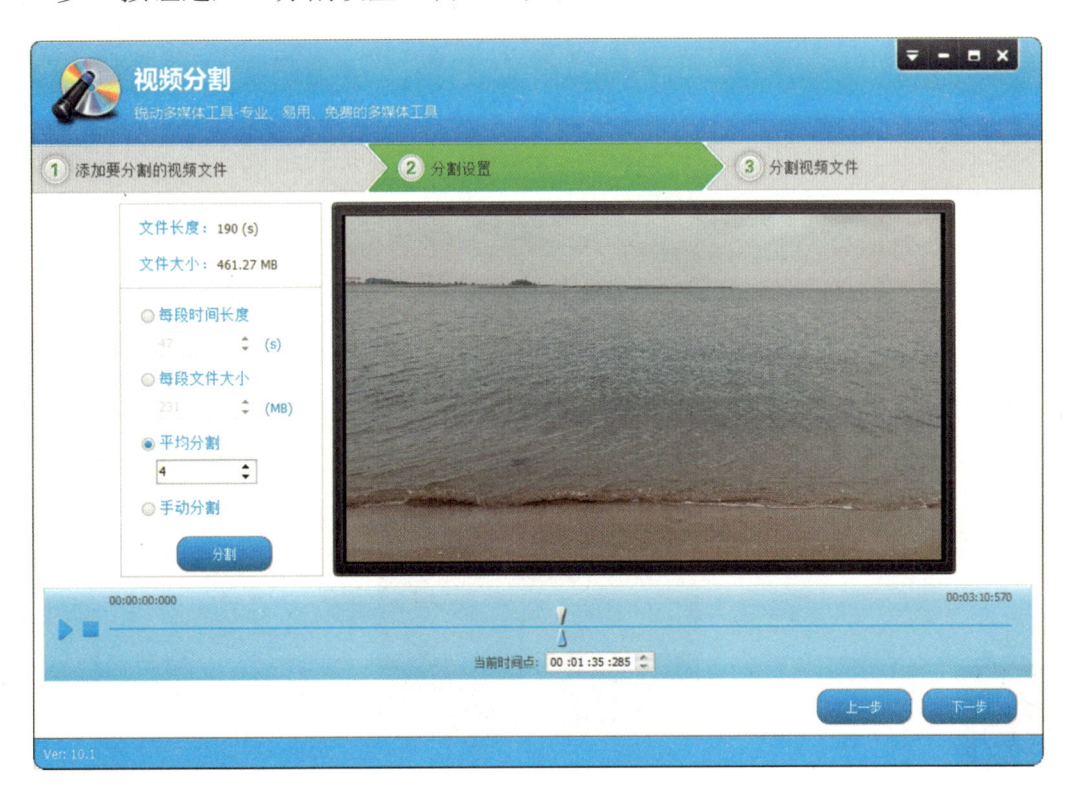

图6-2-12 "分割设置"窗口

步骤3：选中"平均分割"单选按钮，并将数量设置为4。

步骤4：单击"下一步"按钮进行分割。

步骤5：分割完成后，单击"确定"按钮。

步骤6：单击"打开输出文件夹"按钮，可以查看分割后的视频文件。

2. 视频的配音配乐

步骤1：单击软件界面的"配音配乐"按钮，再单击"添加文件"按钮，在弹出的"打开"对话框中选择视频文件，如"大海.mp4"。

步骤 2：单击"下一步"按钮，进入"给视频添加配乐和配音"窗口。

步骤 3：单击"新增配乐"按钮，选择音频文件，如"music.mp3"。当配乐时长小于视频时长时，可以向右拖动配乐进度条的结束位置，直到视频结束的位置，实现配乐时长和视频时长匹配，如图 6-2-13 所示。

图 6-2-13　拖动配乐进度条的结束位置

步骤 4：如果需要消除原音，可以勾选"消除原音"复选框。

步骤 5：单击"下一步"按钮，进入"输出设置"窗口，选择输出位置，输入保存的文件名。选择目标格式，此例选择"和源视频格式保持一致"选项，如图 6-2-14 所示。

图 6-2-14　选择"和源视频格式保持一致"选项

步骤 6：单击"下一步"按钮，进入"进行配乐和配音"窗口，等待转换完成。

步骤 7：转换完成后，单击"确定"按钮。单击"打开输出文件"按钮，查看配乐后的视频文件。

3. 制作字幕

步骤 1：单击软件界面的"字幕制作"按钮，进入"字幕制作"界面，单击"添加视频"按钮，在弹出的"请选择视频文件"对话框中选择需要添加字幕的视频文件，如"大海.mp4"。

步骤 2：勾选"自定义位置"和"字体设置应用到所有行"复选框，如图 6-2-15 所示。

图 6-2-15　勾选"自定义位置"和"字体设置应用到所有行"复选框

步骤 3：单击视频播放器内的"播放"按钮播放视频，同时记录需要添加字幕的时间，单击"停止"按钮，停止播放视频。

步骤 4：单击"新增行"按钮，在"开始时间"和"结束时间"调整框中修改第 1 个字幕出现的开始时间（视频停止播放的时间）和结束时间。

步骤 5：在"字幕内容"文本框内输入文字，如输入"大海"。

步骤 6：再次单击"新增行"按钮，第一条字幕的信息会自动出现在字幕列表框内。按照此方法，可以添加多条字幕，如图 6-2-16 所示。

步骤 7：在字幕列表框中任选一条字幕，拖动右侧窗口中"水平位置"和"垂直位置"的滑块可以改变字幕的位置。

图 6-2-16　添加多条字幕

步骤 8：单击"设置字体"按钮，选择字体的样式，拖动"透明度"滑块，还可以改变字幕的透明度，如图 6-2-17 所示。

步骤 9：单击"下一步"按钮，进入"输出设置"窗口，等待转换完成。

步骤 10：转换完成后，单击"确定"按钮。单击"打开输出文件"按钮，选择输出位置，输入保存的文件名。选择目标格式，此例选择"和源视频格式保持一致"选项。

步骤 11：单击"下一步"按钮，进入"制作视频"窗口，显示制作进度，制作完成后，单击"确定"按钮。单击"打开输出文件夹"按钮，可以查看添加字幕后的视频文件。

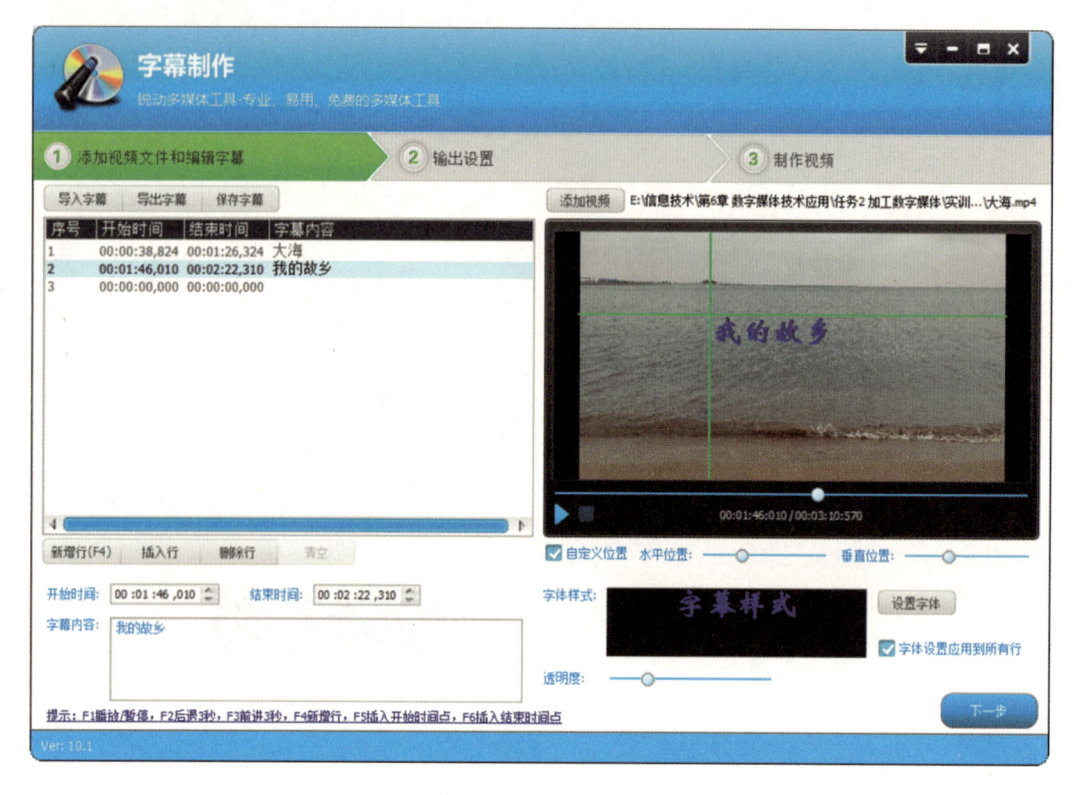

图 6-2-17　设置字幕字体的样式和透明度

实训 4　制作简单的计算机动画

一、实训要求

打开计算机中 Adobe Flash Professional 的某一版本,按如下要求进行操作。

(1) 打开 Adobe Flash Professional,进入工作界面。

(2) 新建 Flash 文件,创建遮罩图层。

（3）保存源文件"简单动画--五月你好.fla"，导出影片文件"简单动画--五月你好.swf"。

二、操作步骤

启动 Adobe Flash Professional，进入软件主界面，如图 6-2-18 所示，并进行如下操作。

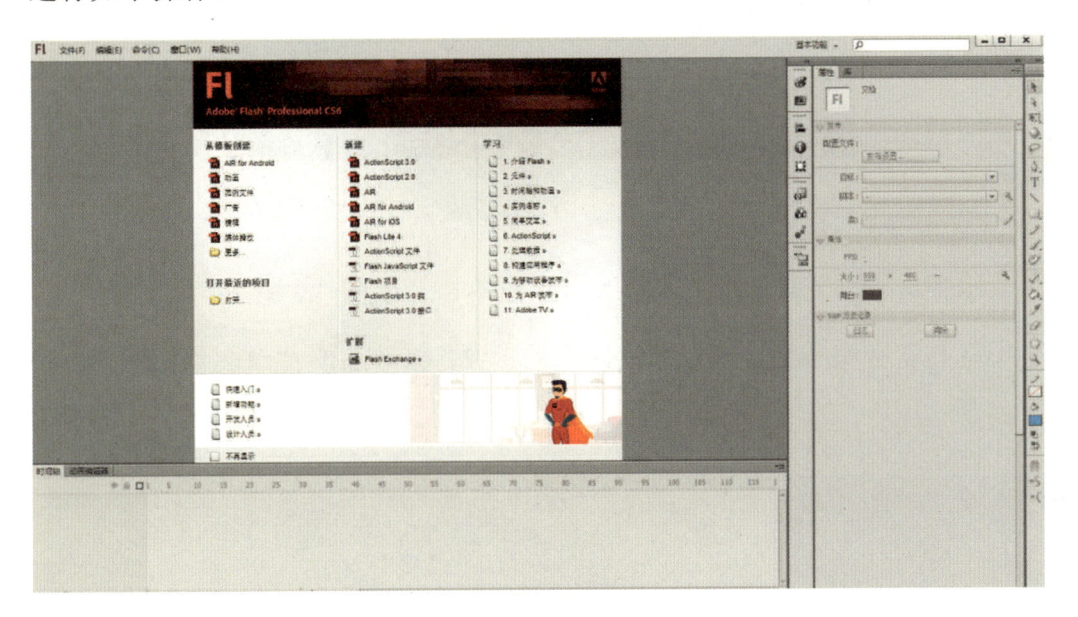

图 6-2-18　Adobe Flash Professional 主界面

1. 新建 Flash 文件

步骤 1：选择"文件"→"新建"命令，在弹出的"新建文档"窗口中选择"ActionScript 3.0"选项，再单击"确定"按钮，此时新建了一个 Flash 文件。

步骤 2：在"属性"窗格中将舞台大小设置为宽 1000 像素、高 800 像素。

步骤3：选择"文件"→"导入"→"导入到舞台"命令，在打开的"导入"窗口中选择一张背景图片，本例选择的背景图片如图6-2-19所示。

图 6-2-19　背景图片

步骤4：如果背景图片比较大，可以单击背景图片，在右侧"属性"窗格中将其宽度和高度与舞台数值修改为一致，修改后的背景图片如图6-2-20所示。

图 6-2-20　修改后的背景图片

2. 创建遮罩图层

步骤 1：单击时间轴中的"新建图层"按钮，新建一个"图层 2"图层，并将"图层 2"重命名为"遮罩层"。

步骤 2：选中遮罩层的第 1 帧，单击绘图工具箱中的"文字工具"按钮，在文字的"属性"窗格中对文字进行设置，如图 6-2-21 所示。

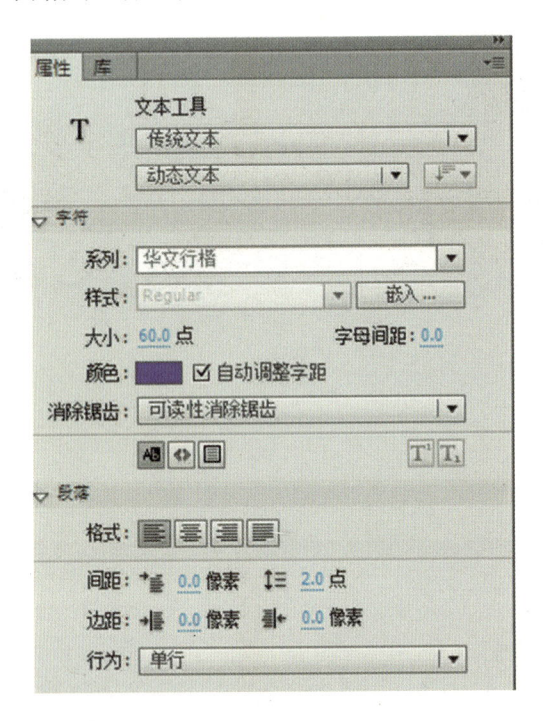

图 6-2-21 文字的"属性"窗格

步骤 3：在舞台中输入文字"五月你好"，如图 6-2-22 所示。

步骤 4：选中遮罩层的第 45 帧并右击，在弹出的快捷菜单中选择"插入关键帧"命令，时间轴如图 6-2-23 所示。

步骤 5：选中遮罩层的第 1 帧，使用移动工具将文字移动至舞台最左侧的位置。选中第 45 帧，将文字移动至舞台最右侧的位置，对遮罩位置进行设置。

图 6-2-22　输入文字

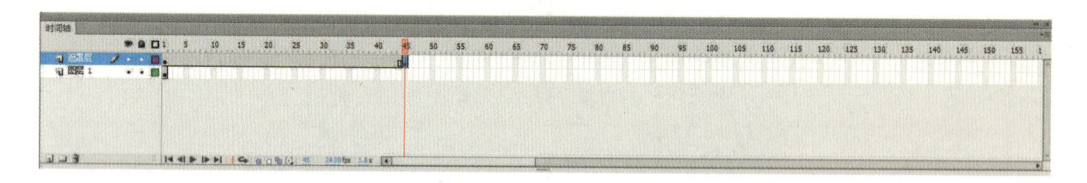

图 6-2-23　时间轴（1）

步骤 6：在遮罩层的第 1 帧至第 45 帧之间，选择任意帧，如第 22 帧，并右击，在弹出的快捷菜单中选择"创建传统补间"或"创建补间动画"命令，时间轴如图 6-2-24 所示。

步骤 7：选中遮罩层并右击，在弹出的快捷菜单中选择"遮罩层"命令，创建遮罩层，如图 6-2-25 所示。

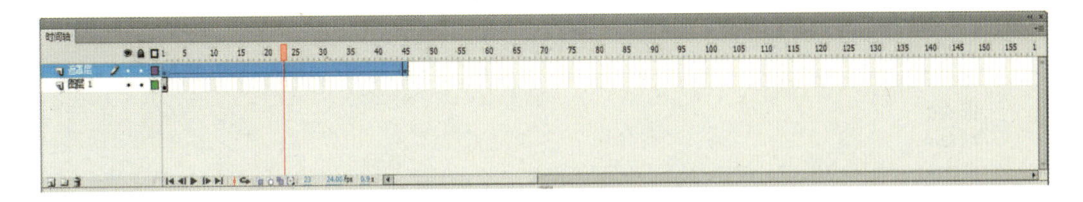

图 6-2-24　时间轴（2）

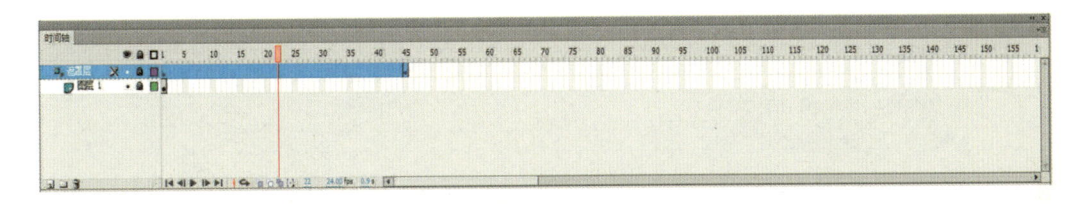

图 6-2-25　创建遮罩层

步骤 8：选中图层 1 的第 45 帧并右击，在弹出的快捷菜单中选择"插入帧"命令，插入空白帧。

步骤 9：单击遮罩层和图层 1 的锁标志，进行解锁。

步骤 10：动画制作完成，观看播放效果。

3. 保存项目和影片

步骤 1：选择"文件"→"保存"命令，将文件名修改为"简单动画--五月你好.fla"，如图 6-2-26 所示。

步骤 2：选择"文件"→"导出"→"导出影片"命令，将文件名修改为"简单动画--五月你好.swf"，如图 6-2-27 所示

信息技术综合实训（下册）

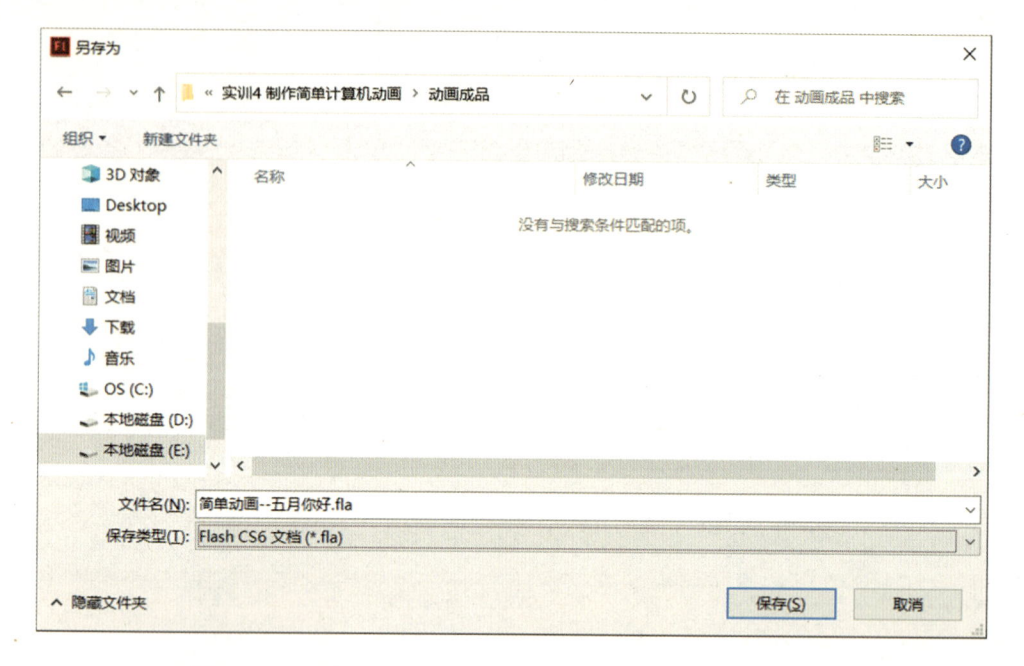

图 6-2-26　将文件名修改为"简单动画--五月你好.fla"

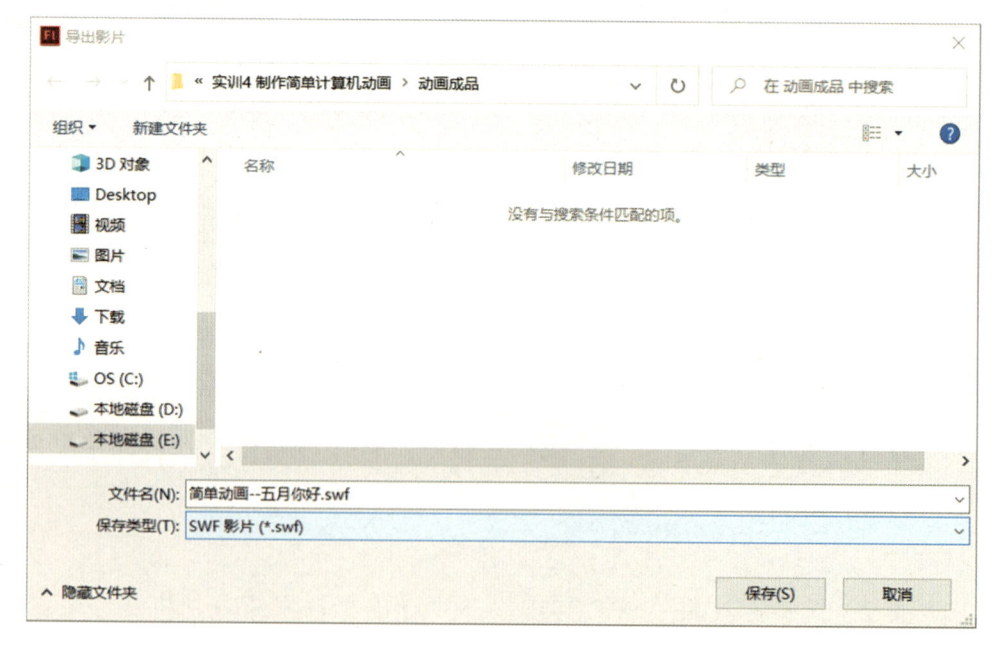

图 6-2-27　将文件名修改为"简单动画--五月你好.swf"

任务 3　制作简单的数字媒体作品

实训知识点

1. 了解设计数字媒体作品的基本规范。

2. 掌握使用会声会影制作电子相册的方法。

3. 掌握使用会声会影制作宣传片的方法。

实训 1　数字媒体作品设计基础知识

一、选择题

1. 设计数字媒体作品应遵循的规范是（　　）。

　①选题准确、策划到位

②视觉良好、体验效果佳

③互动有序、体验良好

④系统设计说明规范

⑤播放演示流畅

A．①② B．②③⑤

C．①④ D．①②③④⑤

2. 使用会声会影软件制作的项目文件的扩展名为（　　）。

A．.MP4 B．.WAV

C．.VSP D．.WMV

二、填空题

1. 在互联网中，常用的图像文件的格式是_____格式。

2. 数字动画文件的格式有_____、_____、_____、_____等

3. 获取文本素材常用的方法有_____、_____、_____和_____。

实训 2　制作电子相册

一、实训要求

打开计算机中会声会影的某一版本，按如下要求进行操作。

（1）打开会声会影，进入工作界面。

（2）新建项目、导入素材、设置转场。

（3）保存文件。

二、操作步骤

启动会声会影，进入软件主界面，如图 6-3-1 所示，并进行如下操作。

图 6-3-1　会声会影主界面

1. 新建项目

步骤 1：选择"文件"→"新建项目"命令，此时新建了一个项目。

步骤 2：单击步骤栏内的"编辑"按钮，切换到"编辑"窗口。单击"添加"按钮，在素材管理窗格中新建一个文件夹，双击该文件夹，将文件夹的名称修改为"五一假日宣传册"，如图 6-3-2 所示。

图 6-3-2　将文件夹的名称修改为"五一假日宣传册"

2. 导入素材

步骤 1：选择"文件"→"将媒体文件插入到素材库"→"插入照片"命令，在弹出的"浏览照片"对话框中选择素材，将图片素材导入素材库，本例选择素材文件夹中的图片，如图 6-3-3 至 6-3-8 所示，导入后如图 6-3-9 所示。

步骤 2：按 Shift 键选中全部图片素材，拖动到下方"故事"窗格的"视频"轨道中，如图 6-3-10 所示。

第6章 数字媒体技术应用

图 6-3-3 图片素材（1）

图 6-3-4 图片素材（2）

图 6-3-5 图片素材（3）

图 6-3-6 图片素材（4）

图 6-3-7 图片素材（5）

图 6-3-8 图片素材（6）

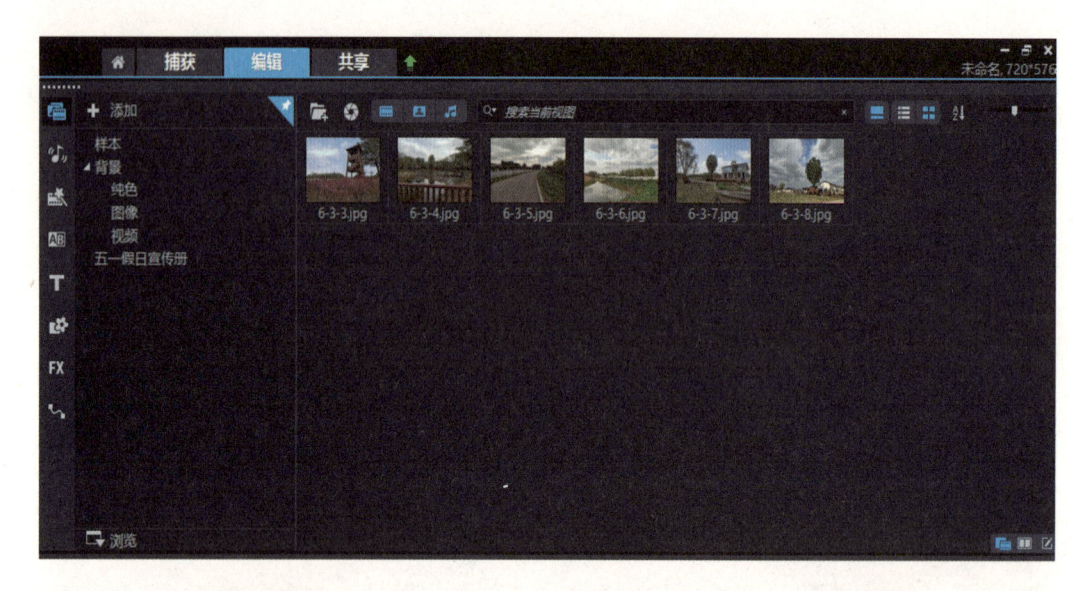

图6-3-9 导入图片素材

图6-3-10 将图片素材拖动到"故事"窗格的"视频"轨道

步骤3：选中第1幅图像并右击，在弹出的快捷菜单中选择"更改照片区间"命令，打开"区间"对话框，将"分"和"秒"的数值分别修改为0和10。此时，图像的时间为0分10秒。使用同样的操作修改其他图像的时间，可以将图像修改为不同时间，如图6-3-11所示。

3. 设置转场

步骤1：单击素材库左侧的"转场"按钮，在"画廊"下拉列表中选择

"全部"选项,素材库内会显示全部转场效果的图案。

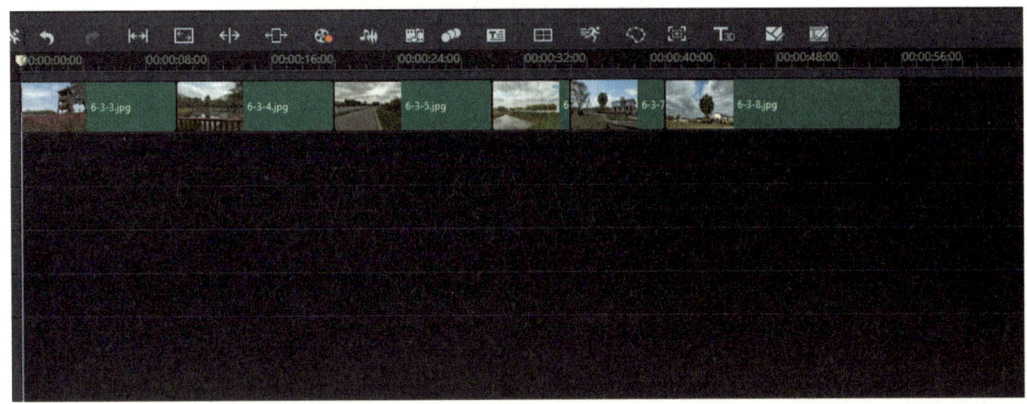

图 6-3-11　修改图像的时间

步骤 2:选择素材库内的任意一种转场效果的图案,将其拖动到"故事"窗格中"视频"轨道的第 1、2 幅图像之间。使用同样的操作将其他转场类型图案添加到其他图像之间,如图 6-3-12 所示。

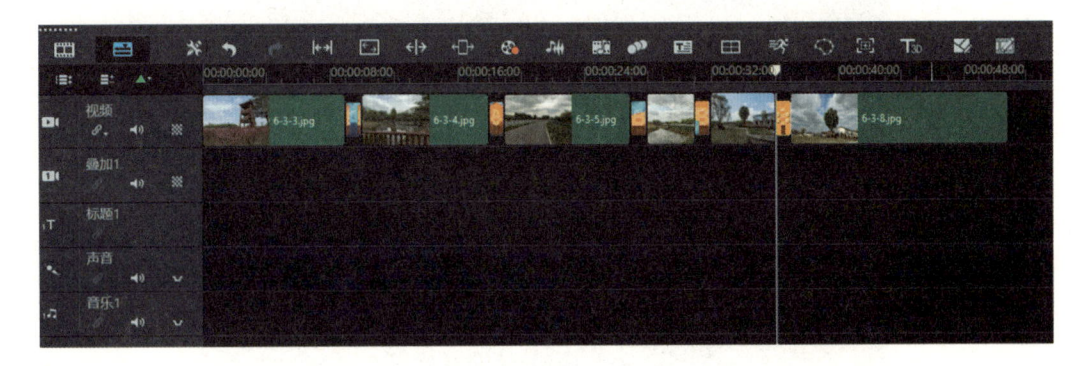

图 6-3-12　添加转场效果

步骤 3:双击"视频"轨道内的转场效果图案,在"编辑"窗口中出现转场效果窗格,在该窗格中可以调整场景效果的作用时间、边框的粗细和颜色、柔化边缘效果、转场方向等,如图 6-3-13 所示。

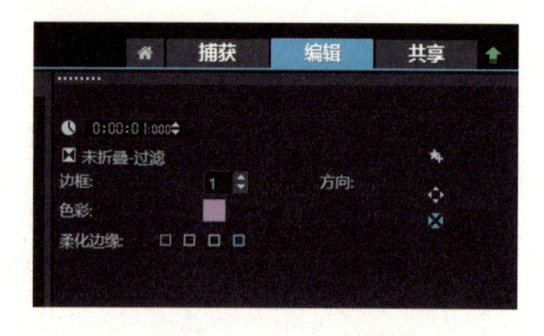

图 6-3-13　转场效果窗格

4. 保存项目和视频文件

步骤 1：选择"文件"→"保存"命令，选择保存位置，将文件的名称修改为"五一假日宣传册.VSP"，保存该项目。

步骤 2：单击步骤栏内的"共享"按钮，切换到"共享"窗口，选择文件保存格式和保存路径，单击"开始"按钮，输出项目，如图 6-3-14 所示。

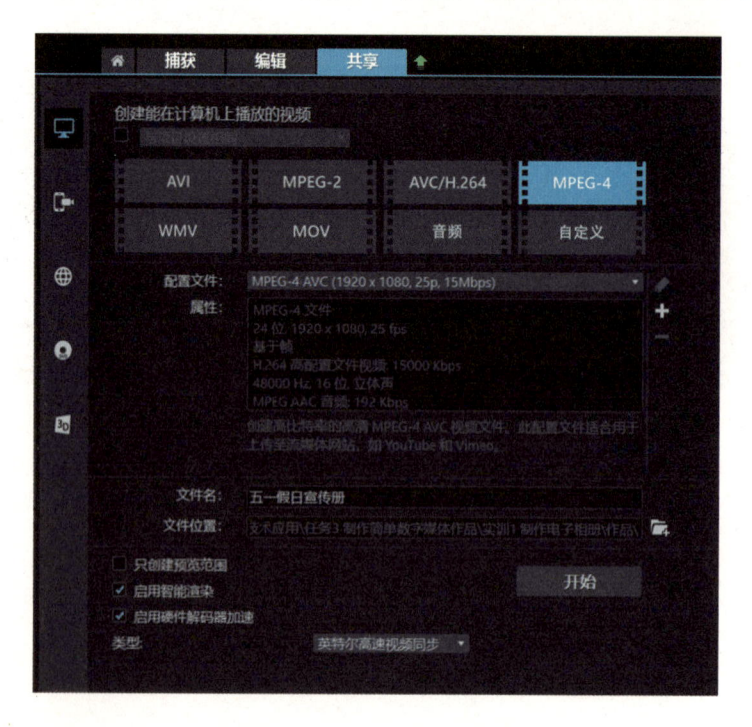

图 6-3-14　输出项目

步骤 3：完成后，单击"确定"按钮，在保存位置可以查看生成的电子相册视频文件。

实训 3　制作宣传片

一、实训要求

打开计算机中会声会影的某一版本，按如下要求进行操作。

（1）打开会声会影，进入工作界面。

（2）导入视频素材、添加标题、添加音频和其他视频。

（3）保存文件。

二、操作步骤

启动会声会影，进入软件主界面，并进行如下操作。

1. 导入素材

步骤 1：选择"文件"→"新建项目"命令，此时新建了一个项目。

步骤 2：单击步骤栏内的"编辑"按钮，切换到"编辑"窗口，单击"添加"按钮，在素材管理窗格中新建一个文件夹，双击该文件夹，将文件的名称修改为"大海宣传片"。

步骤 3：将素材文件夹中的视频素材"大海.mp4"导入素材库，并将其拖动到"故事"窗格的"视频"轨道中，若出现更改项目设置对话框，单击"是"按钮，如图 6-3-15 所示。

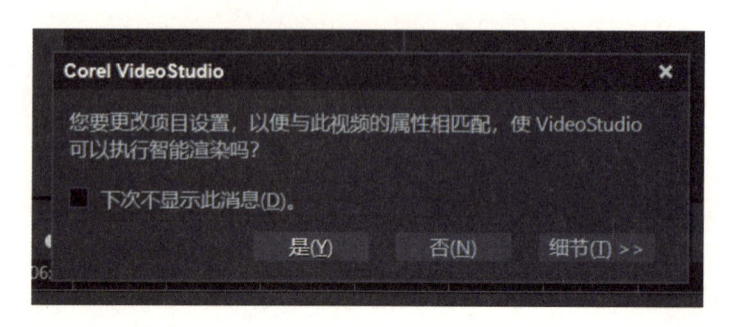

图 6-3-15　更改项目设置对话框

1. 添加标题

步骤 1：单击媒体素材窗格中素材库内的"标题"按钮，素材库内显示系统自带的动画标题文字效果，如图 6-3-16 所示。

图 6-3-16　素材库内的动画标题文字效果

步骤2：将素材库中的任意一种标题文字效果拖动到"故事"窗格中"标题1"轨道的开始位置，如图6-3-17所示。

图6-3-17　将标题文字效果拖动到"标题1"轨道的开始位置

步骤3：双击"标题1"轨道内的标题文字动画，使标题文字在"预览"窗格中显示。在"预览"窗格的矩形文本框内双击，进入文字编辑模式，删除原文字，输入"星辰大海"，在"编辑"窗口内，将显示时间设置为10秒，字体为"华文楷体"，字号为110，颜色为红色，行间距为120，旋转角度为-9，如图6-3-18所示。

图6-3-18　设置标题的参数

步骤4：在选中标题文字的状态下，选择"编辑"窗口的"运动"选项卡，勾选"应用"复选框，并选择"弹出"选项，选中列表框中的第2个文

125

字动画效果图案,"运动"选项卡中的参数设置如图6-3-19所示。

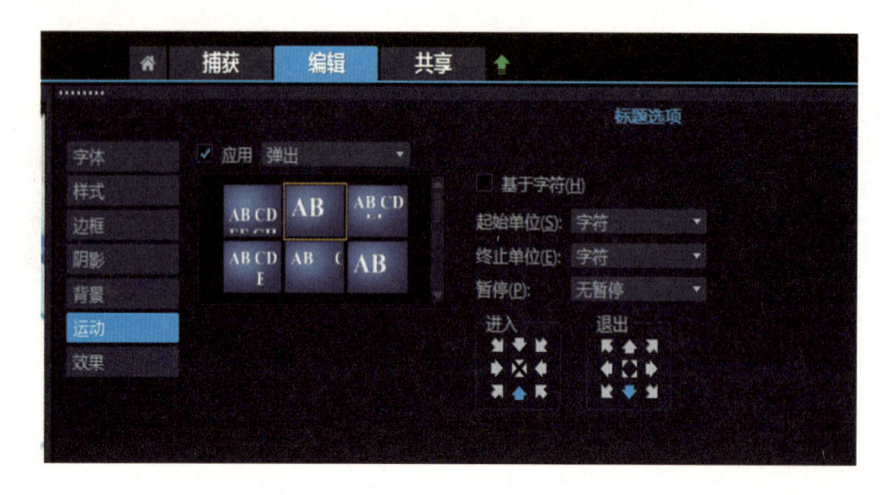

图6-3-19 "运动"选项卡中的参数设置

步骤5:在"视频"轨道中,单击"静音/取消静音"按钮,消除视频中的背景声音,如图6-3-20所示。

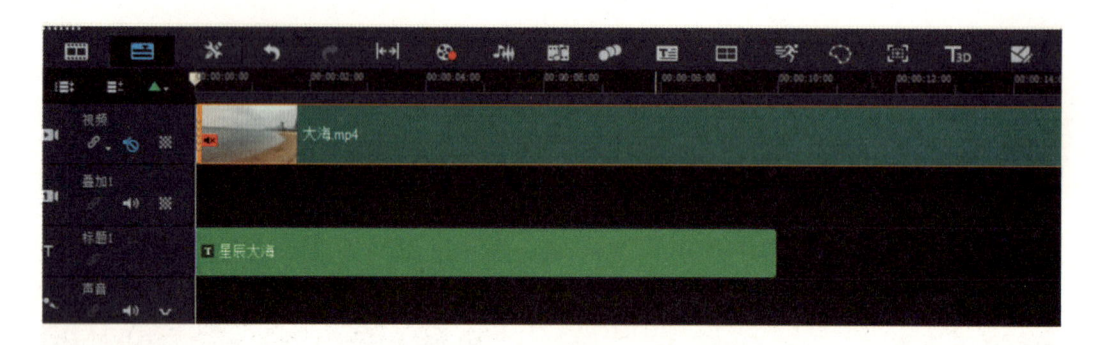

图6-3-20 消除视频中的背景声音

2. 添加背景音乐和视频

步骤1:将素材文件夹中的音乐素材"music.mp3"添加到素材库中,并将其拖动到"故事"窗格的"音乐1"轨道中,如图6-3-21所示。

图 6-3-21 将音乐素材拖动到"音乐 1"轨道中

步骤 2：选中"视频"轨道中的视频，单击"编辑"窗口中的"滤镜"按钮，选择"动态模糊"选项，并将其拖动到"故事"窗格中"视频"轨道的 00:01:05:00 处，为视频添加滤镜，滤镜效果如图 6-3-22 所示。

图 6-3-22 滤镜效果

步骤 3：在"标题 1"轨道上，将光标定位在 00:01:28:00 处并双击，进入标题文字的输入状态,输入"大海,我的故乡",并将字号设置为 60,字体为"隶书",字体颜色为红色,时间区间为 12 秒,将文字位置移动到视频下方,第 2 个标题的参数设置如图 6-3-23 所示。

图 6-3-23　第 2 个标题的参数设置

步骤 4:选中"视频"轨道中的视频,在"预览"窗格中时间轴的 00:01:46:00 处,单击"剪切"按钮,对宣传片视频进行分割,分割后的视频如图 6-3-24 所示。

步骤 5:选择分割后的第二个视频,按 Delete 键删除,再将素材文件夹中的"海鸥.mp4"导入素材库,并将其拖动到"视频"轨道中第一个视频的后面。

步骤 6:选择"转场"选项卡中的"交叉"选项,并将其拖动到两个视频之间,设置视频间的转场效果,如图 6-3-25 所示。

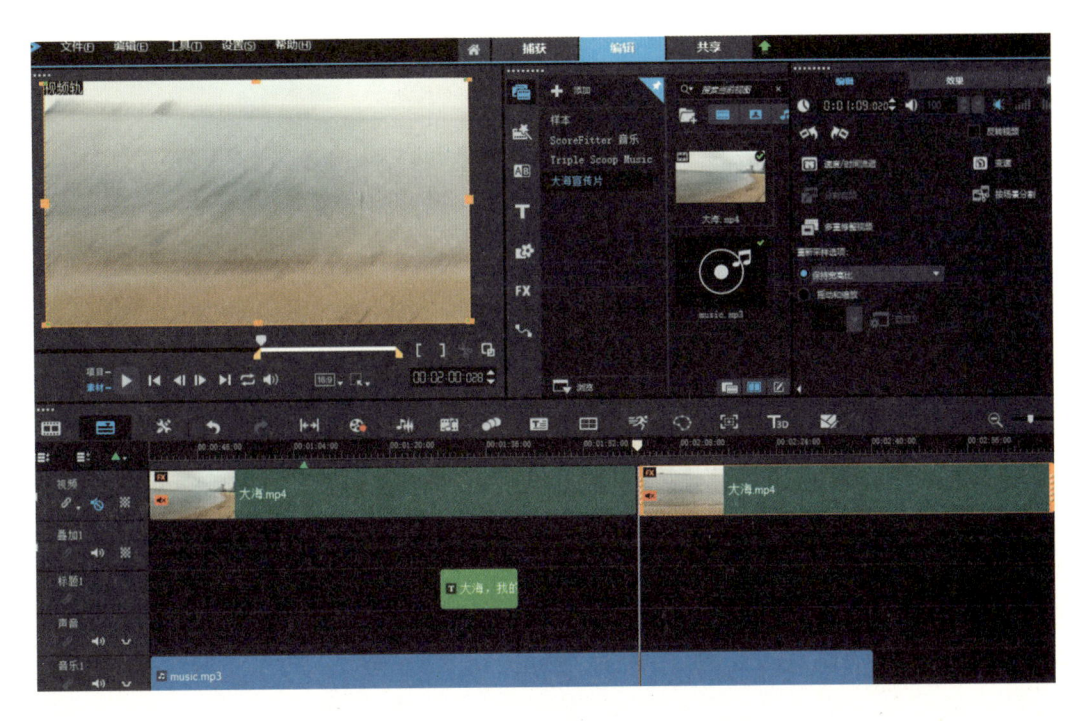

图 6-3-24　分割后的视频

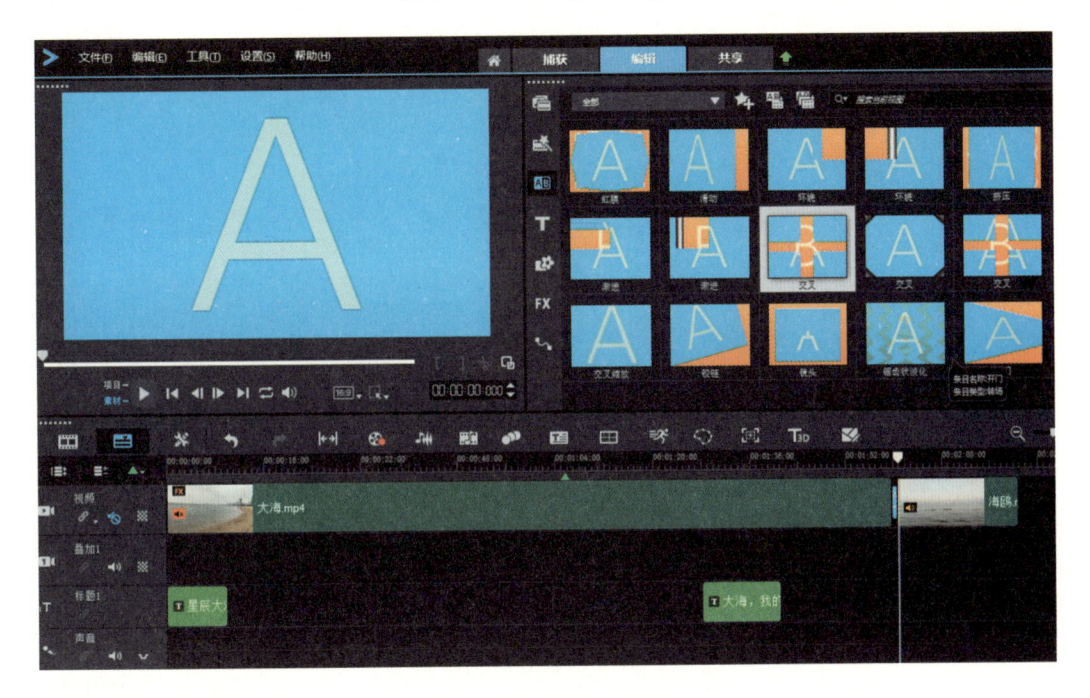

图 6-3-25　设置视频间的转场效果

3. 保存项目和视频文件

步骤 1：选择"文件"→"保存"命令，选择保存位置，将保存文件的名称修改为"大海宣传片.VSP"，保存该项目。

步骤 2：单击步骤栏内的"共享"按钮，切换到"共享"窗口，选择文件保存格式、文件名及保存路径，单击"开始"按钮，输出项目。

步骤 3：完成后，单击"确定"按钮，在保存位置可以查看生成的宣传片视频文件。

任务 4 初识虚拟现实与增强现实技术

实训知识点

1. 了解虚拟现实技术的基础知识。

2. 了解增强现实技术的基础知识。

3. 掌握使用神奇 AR 制作增强现实视频的方法。

实训 1 虚拟现实技术基础知识

一、选择题

1. 虚拟现实技术是一种可以使人以沉浸方式进入和体验人为创造的虚拟世界的（　　）技术。

A．计算机仿真　　　　　　B．计算机模拟

C．人工智能　　　　　　　D．云计算

2．常用的虚拟现实交互设备中用于手势输入的是（　　）。

A．三位声音系统

B．视觉头盔

C．数据手套

D．手写板

3．虚拟现实技术的3个特征分别是沉浸性、交互性和（　　）。

A．拓展性　　　　　　　　B．想象性

C．感知性　　　　　　　　D．娱乐性

二、填空题

1．一般的虚拟现实系统主要由_____、_____、_____、_____等组成。

2．虚拟现实技术的主要应用领域有_____、_____、_____、_____、_____、_____等。

3．虚拟现实系统中的交互系统强调_____与_____之间的_____交互。

实训 2　增强现实技术基础知识

一、选择题

1. 增强现实技术是强化真实世界信息和（　　）内容之间融合能力的新技术。

　　A．计算机信息　　　　　　B．自然信息

　　C．虚拟世界信息　　　　　D．搜索信息

2. 下列选项中，不属于增强现实技术应用的侧重领域的是（　　）。

　　A．军事领域　　　　　　　B．医疗领域

　　C．教育领域　　　　　　　D．交通领域

二、填空题

1. 增强现实技术是将计算机生成的_____、_____或_____叠加到真实场景中，实现"增强"效果。

2. 在教育领域，增强现实技术能够真正实现"_____"，加深学习者对学习内容的理解。

3. 在军事领域，军队可以利用增强现实技术，进行_____，实时获得所在地点的地理数据等重要军事数据，提高军事活动的成功率。

实训 3　体验增强现实技术

一、实训要求

打开移动设备上神奇 AR 的某一版本，按如下要求进行操作。

(1) 打开神奇 AR，进入工作界面。

(2) 设置剧场模式，添加 3D 文字和音乐。

(3) 保存文件。

二、操作步骤

点击移动设备上的"神奇 AR"图标，进入软件主界面，如图 6-4-1 所示，并进行如下操作。

1. 设置剧场模式

步骤 1：点击"剧场模式"按钮，进入视频编辑界面。点击上方的"更换场景"按钮，选择一个场景，如"星空"场景，如图 6-4-2 所示。

步骤 2：点击"模型"按钮，选择"特效"选项卡中的"五彩粒子"选项，下载完成后，"五彩粒子"效果将在主页播放。

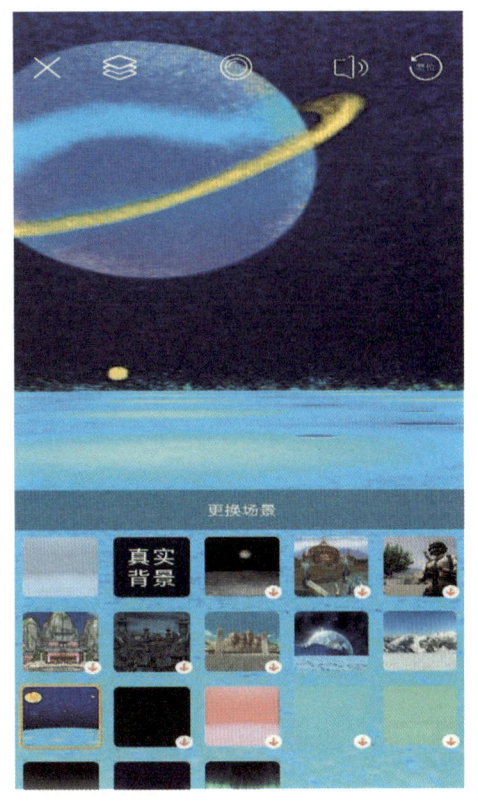

图 6-4-1　神奇 AR 主界面　　　　图 6-4-2　更换场景

2. 添加 3D 文字

步骤 1：点击"3D 文字"按钮，输入文字"星空"，单击"确定"按钮。

步骤 2：在"字体颜色"选项卡中选择"红色"选项。

步骤 3：在"字体样式"选项卡中选择一种样式，"展示方式"选项卡中选择一种方式，将文字拖动到合适的位置，效果如图 6-4-3 所示。

步骤 4：点击"视频"界面中的白色圆圈，保存 AR 项目，如图 6-4-4 所示。

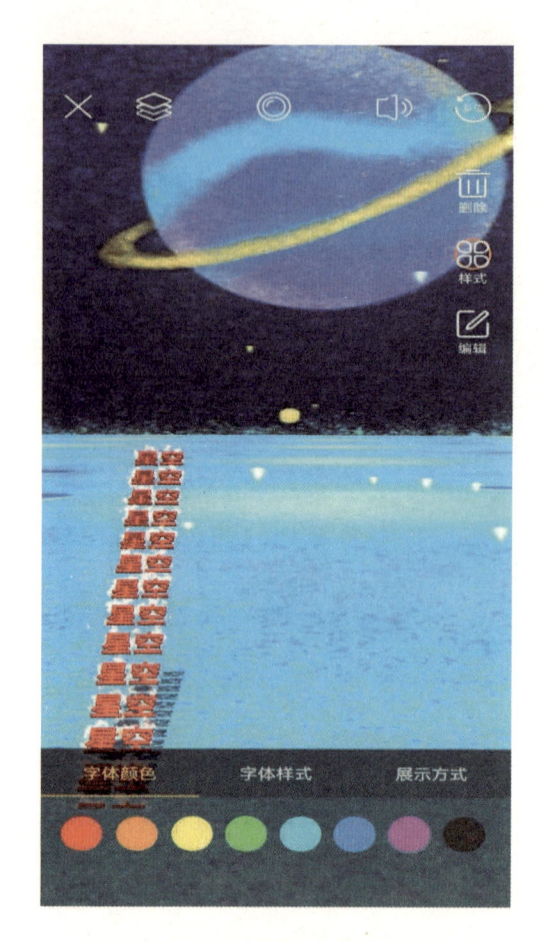

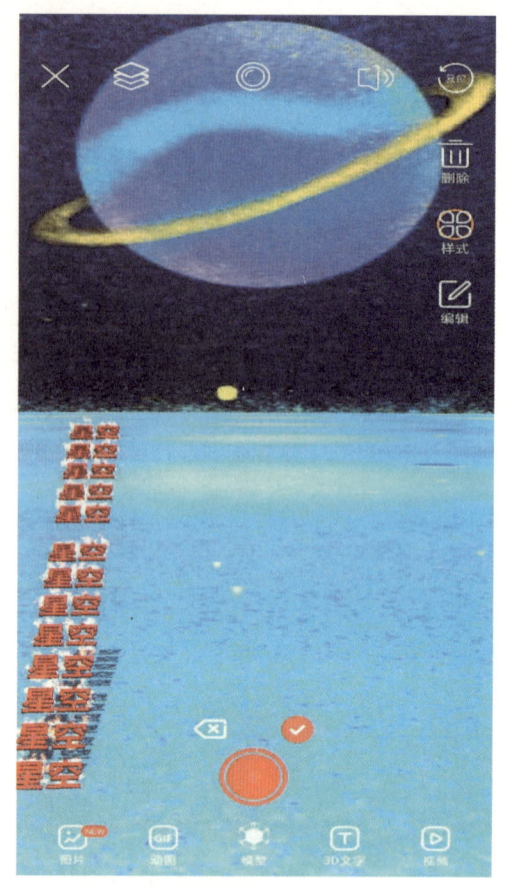

图 6-4-3　3D 文字效果　　　　　　图 6-4-4　保存 AR 项目

3. 添加音乐

步骤 1：点击"编辑"按钮，进入编辑页面，在"音乐"选项卡中，点击"使用音乐"按钮，如图 6-4-5 所示。

步骤 2：在出现的音乐列表中，选择一首音乐作为背景音乐，点击"使用音乐"按钮。

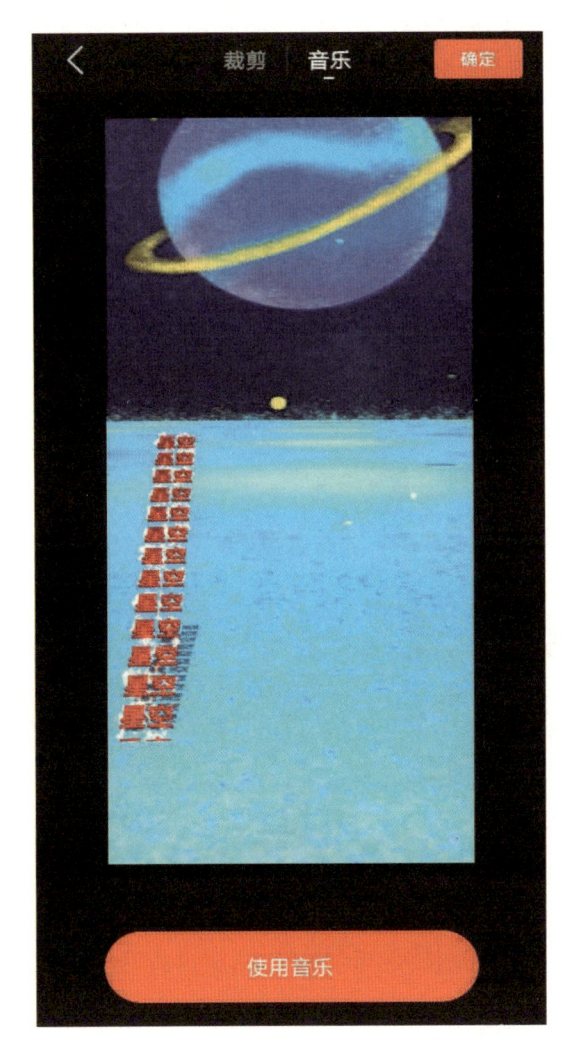

图 6-4-5　添加音乐

2. 保存文件

步骤 1：返回编辑界面，点击红色的下载按钮，将作品保存在移动设备中，如图 6-4-6 所示。

步骤 2：在相册中查看保存的视频。

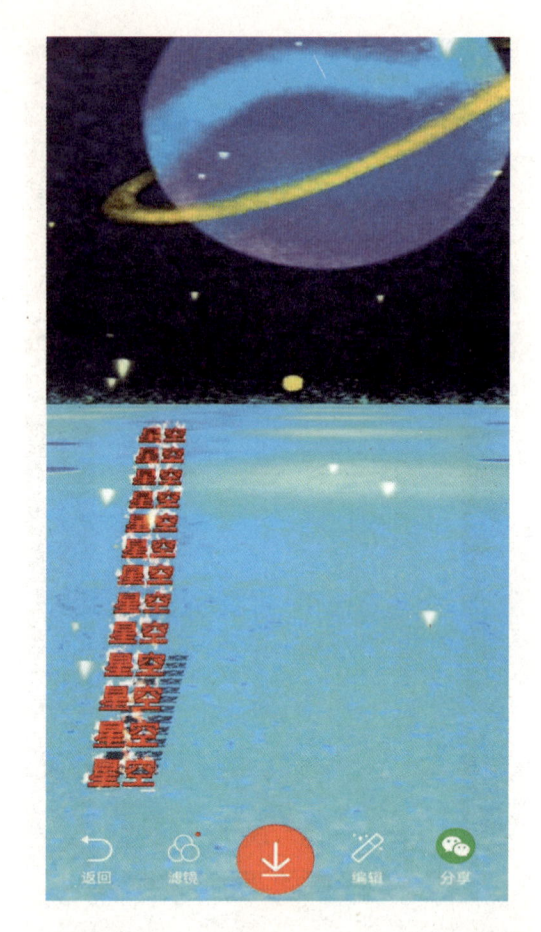

图 6-4-6 单击红色的下载按钮

第 7 章
信息安全基础

任务 1　了解信息安全常识

实训知识点

1. 了解信息安全的现状。

2. 了解与信息安全相关的法律法规，合法上网。

3. 了解增强个人安全防范意识的意义。

实训 1　信息安全基础知识

一、选择题

1. 保护信息系统安全包括下列哪些方面（　　）

  A．保密性　　　　　　　　　　B．完整性

C．真实性 D．可用性

E．可控性

2．下列威胁信息安全的因素中，能够通过漏洞、网络等多种方式潜入计算机系统，在计算机管理员未发觉的情况下开放系统权限、泄漏用户信息，甚至窃取整个计算机管理使用权限的是（　　）。

A．木马 B．垃圾邮件

C．计算机病毒 D．暴力破解

3．下列属于信息安全控制的措施的是（　　）。

A．实体安全防护 B．软件安全防护

C．安全管理 D．法律法规

4．下列有关信息安全的法律法规中，由全国人大常委会公布，建立我国网络安全基本制度的是（　　）。

A．中华人民共和国电信条例

B．网络安全审查办法

C．计算机病毒防治管理办法

D．中华人民共和国网络安全法

二、简答题

信息安全面临的威胁有哪些？

三、讨论

怎样看待网络言论自由？

实训 2　分组讨论：自己身边的信息安全威胁

一、实训要求

（1）交流自己经历的信息安全威胁。

（2）分享自己应对信息安全威胁的方法。

（3）查找资料，进一步了解信息安全的主要威胁。

二、操作步骤

步骤 1：分小组交流探讨自己经历过的信息安全威胁及自己的应对方法。

步骤 2：上网查找资料，进一步了解日常生活中可能遇到的信息安全的威胁及应对手段，在小组内分享、交流。

任务 2　防范信息系统恶意攻击

实训知识点

1. 了解防范恶意攻击的常用技术。

2. 使用杀毒软件防范病毒攻击。

3. 使用综合安全软件防范木马攻击。

实训 1　使用杀毒软件

一、实训要求

（1）安装并启动 360 杀毒软件。

（2）使用 360 杀毒软件进行快速扫描、全盘扫描和自定义扫描。

（3）升级更新360杀毒软件。

（4）开启实时监控。

二、操作步骤

1. 安装并启动360杀毒软件

360杀毒软件可以在其官方网站免费下载和安装，安装过程比较简单。安装完成后进入360杀毒主界面，如图7-2-1所示。

图7-2-1　360杀毒主界面

2. 快速查杀

在主界面中单击"快速扫描"按钮，可以快速对计算机系统进行扫描，包括内存中的程序、系统文件夹关键位置、常用软件、开机启动项、系统设置等。这些位置都是计算机系统中的关键位置，是很容易被病毒感染的地方，对这些关键位置进行查杀可以很大程度上保证计算机系统的安全。快速扫描的速度比较快，建议每周扫描一次。

3. 全盘扫描

快速扫描并不是扫描磁盘上的所有文件，因此可能有的病毒隐藏在不重要的文件中。这时可以使用全盘扫描功能对计算机磁盘中所有的文件进行扫描。单击主界面中的"全盘扫描"按钮就可以启动全盘扫描功能。全盘扫描花费的时间相对来说比较长，建议每月扫描一次。

4. 自定义扫描

有时用户不需要扫描磁盘中的所有文件，只想扫描某个文件夹下的所有文件，例如扫描优盘中的所有文件、刚从网络上下载的文件或文件夹，这时可以使用自定义扫描。单击主界面中的"自定义扫描"按钮，会弹出"选择扫描目录"对话框，在其中勾选自己要扫描的文件夹后，单击"扫描"按钮，如图 7-2-2 所示。

5. 升级杀毒软件

在主界面中，选择最下方的"检查更新"选项，软件会自动进行更新检索，如果有新版本的杀毒引擎或病毒库，就会自动更新。当前的病毒库信息显示在"检查更新"选项的左侧，如果病毒库比较陈旧，就应该立刻启动更新。

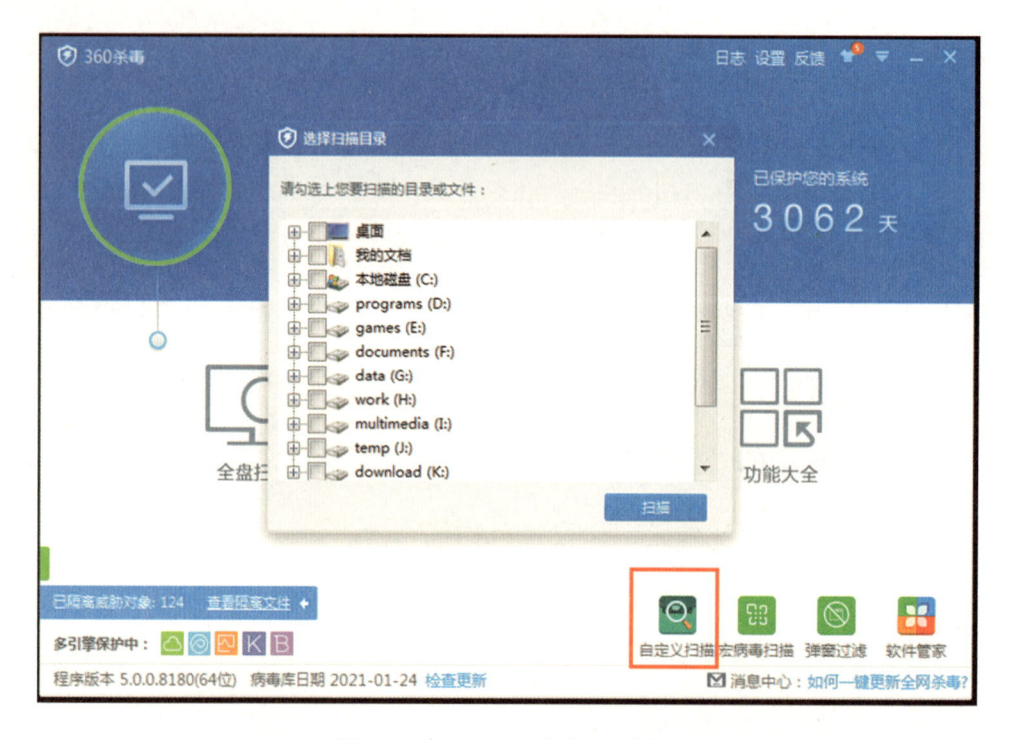

图 7-2-2 单击"扫描"按钮

6. 开启实时监控

在使用计算机上网、复制文件、网络通信中，都有可能受到病毒的威胁，因此建议开启反病毒软件的实时监控功能，这样反病毒软件可以在使用计算机的过程中提供实时的保护，提高信息的安全性。很多病毒在发作时都会先尝试关闭杀毒软件，启动实时监控功能也能避免这种情况。大多数杀毒软件的实时监控功能是默认启动的。在360杀毒软件主界面中，选择左上角的"设置"选项，可以查看实时监控功能的状态，如图7-2-3所示。

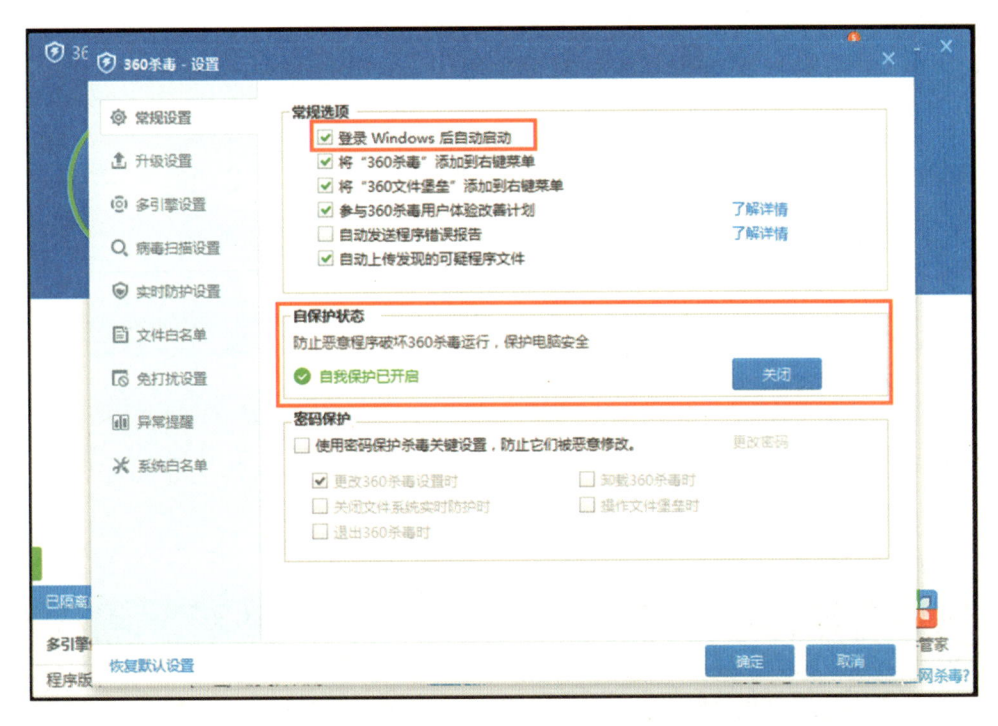

图 7-2-3　360 杀毒软件实时监控功能的状态

实训 2　使用综合安全软件

一、实训要求

（1）安装并启动 360 安全卫士。

（2）使用 360 安全卫士进行全面检查。

（3）使用 360 安全卫士进行木马查杀。

（4）使用 360 安全卫士进行电脑清理。

（5）使用 360 安全卫士进行系统修复。

（6）使用 360 安全卫士进行优化加速。

二、操作步骤

1. 安装并启动 360 安全卫士

在 360 公司的官方网站上下载 360 安全卫士并安装。其主界面如图 7-2-4 所示。

图 7-2-4 360 安全卫士主界面

2. 全面体检

360 安全卫士有很多功能，如木马查杀、系统修复、电脑清理、优化加速等。建议一周左右进行一次全面体检。启动全面体检功能，可以单击主界面上方的"我的电脑"按钮，然后在下方单击"立即体检"按钮，360安全卫士就会对系统进行全面检查，并在检查完毕后将发现的问题显示在结果中，用户可以在选择后一键修复，如图7-2-5所示。

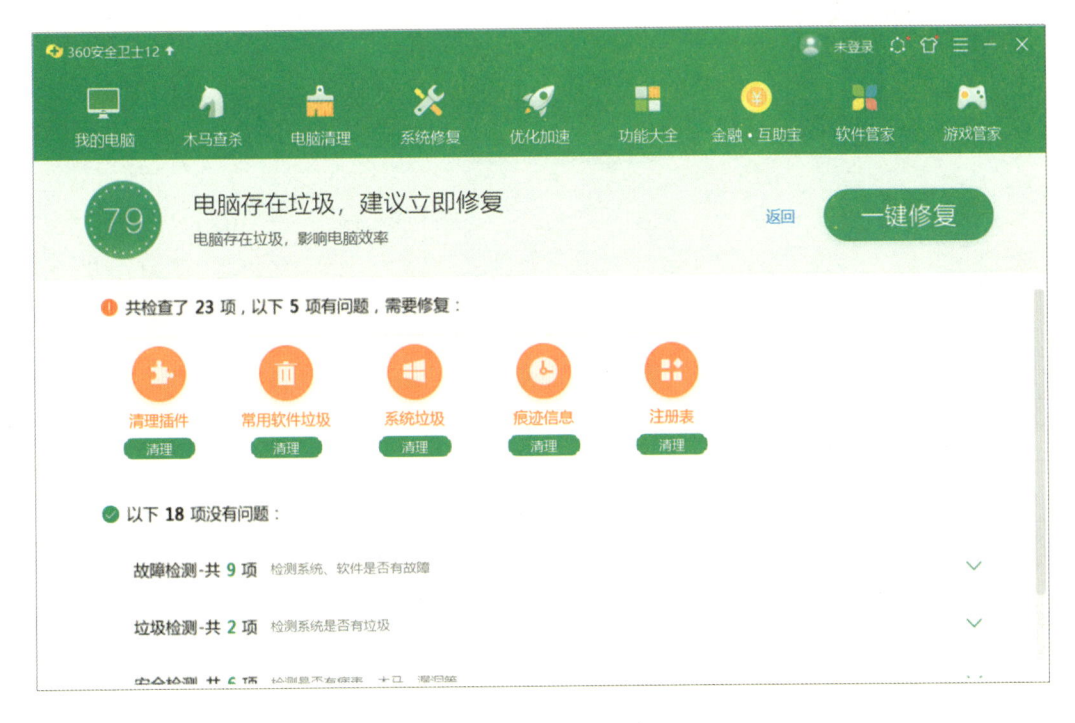

图 7-2-5　全面体检

3. 木马查杀

木马查杀功能和杀毒软件类似，分为快速查杀、全盘查杀和按位置查杀，如图7-2-6所示。建议和杀毒软件一样，每周进行一次快速查杀，每月进行一次全面查杀。单击主界面上方的"木马查杀"按钮后，选择"快速查杀"选项或其他查杀方式。

信息技术综合实训（下册）

图 7-2-6 查杀方式

4. 电脑清理

电脑清理功能会扫描系统中的个人隐私信息、垃圾文件等。其中，个人隐私信息包括网站 Cookie 信息、最近打开的文件、网页浏览记录、其他各种软件的打开记录等。这些信息如果被窃取，就会对系统的安全造成极大的威胁。垃圾文件则包括 Windows 及其他应用软件的信息残留、无效注册表、无效插件等。

单击主界面上方的"电脑清理"按钮后，在下方单击"全面清理"按钮即可启动。360 安全卫士会先进行全盘扫描，然后显示扫描结果，用户可以根据需要选择清理的项目，单击"一键清理"按钮即可清理各类隐私信息和垃圾文件，如图 7-2-7 所示。

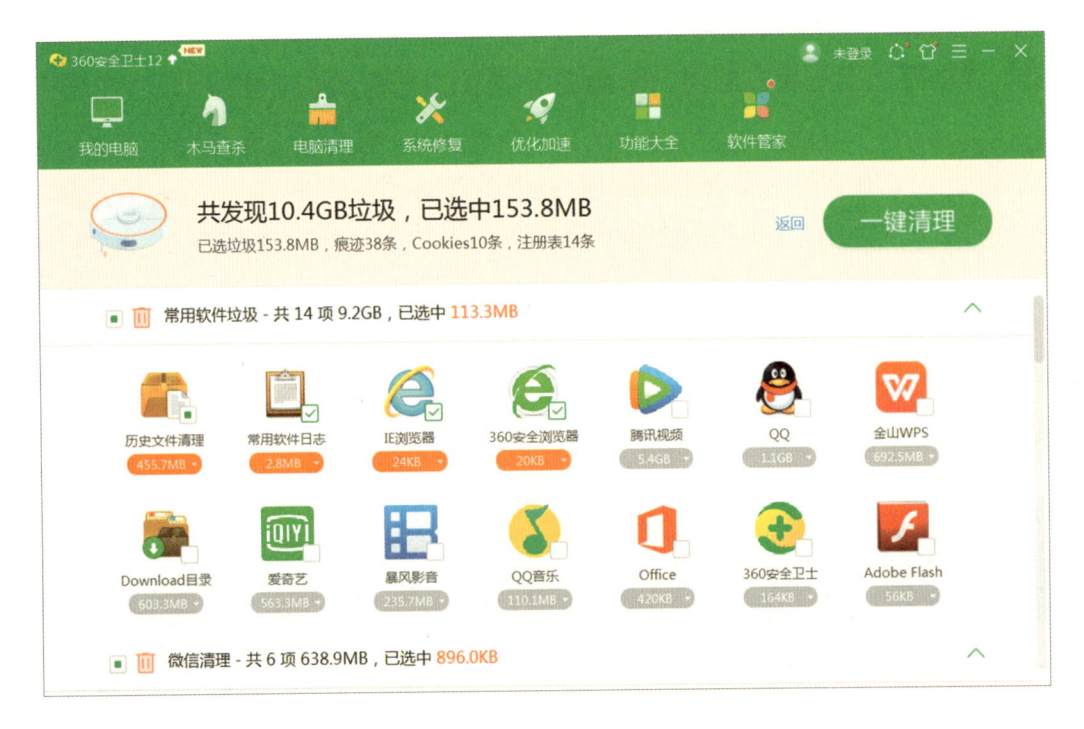

图 7-2-7　清理各类隐私信息和垃圾文件

这里需要注意，360 安全卫士会把 QQ、微信等即时通信软件的聊天记录列为垃圾信息，如果用户需要保留这些信息，那么在清理时要取消勾选这些软件，再进行清理。

5. 系统修复

Windows 是系统软件，难免会出现各种漏洞。一些不法分子发现这些漏洞后，会利用这些漏洞对计算机系统发起恶意攻击，如窃取系统权限、拒绝服务、远程控制等。大多数木马、恶意攻击是基于系统漏洞发起的，这是信息系统主要的安全隐患之一。

这些漏洞在 Windows 系统开发时并没有被开发人员发现，因此微软公司只能针对漏洞提供修复程序，这就是所谓的"补丁"。360 安全卫士的系统修复功能主要是扫描用户的 Windows 操作系统中还有哪些补丁未安装,由用户选择是否安装这些补丁。

单击主界面上方的"系统修复"按钮,在下方单击"全面修复"按钮后,360 安全卫士开始检测未安装的补丁程序,并显示检测结果。用户根据需要选择项目,然后单击"一键修复"按钮就可以下载并自动安装补丁程序,如图 7-2-8 所示。

图 7-2-8　下载并自动安装补丁程序

从上图中可以看到,360 安全卫士根据漏洞的严重情况将各种补丁程序分为不同的级别:重要修复项、可选修复项和无须修复项。建议修复重要修复项,可选修复项则应该查看其说明,根据自己的实际情况选择是否修复。

6. 优化加速

优化加速是 360 安全卫士的辅助功能，对操作系统、应用软件、网络传输、磁盘系统进行扫描，找出可以加速的项目，包括一些不需要启动的服务、功能、软件，和一些涉及网络通信、磁盘使用的 Windows 的选项设置。这项功能一般直接一键优化就可以了，不需要额外设置。

单击主界面上方的"优化加速"按钮，在下方单击"全面加速"按钮就可以启动优化加速功能。360 安全卫士将显示扫描出的可以优化的项目，用户根据需要勾选，然后单击"立即优化"按钮就可以了，如图 7-2-9 所示。

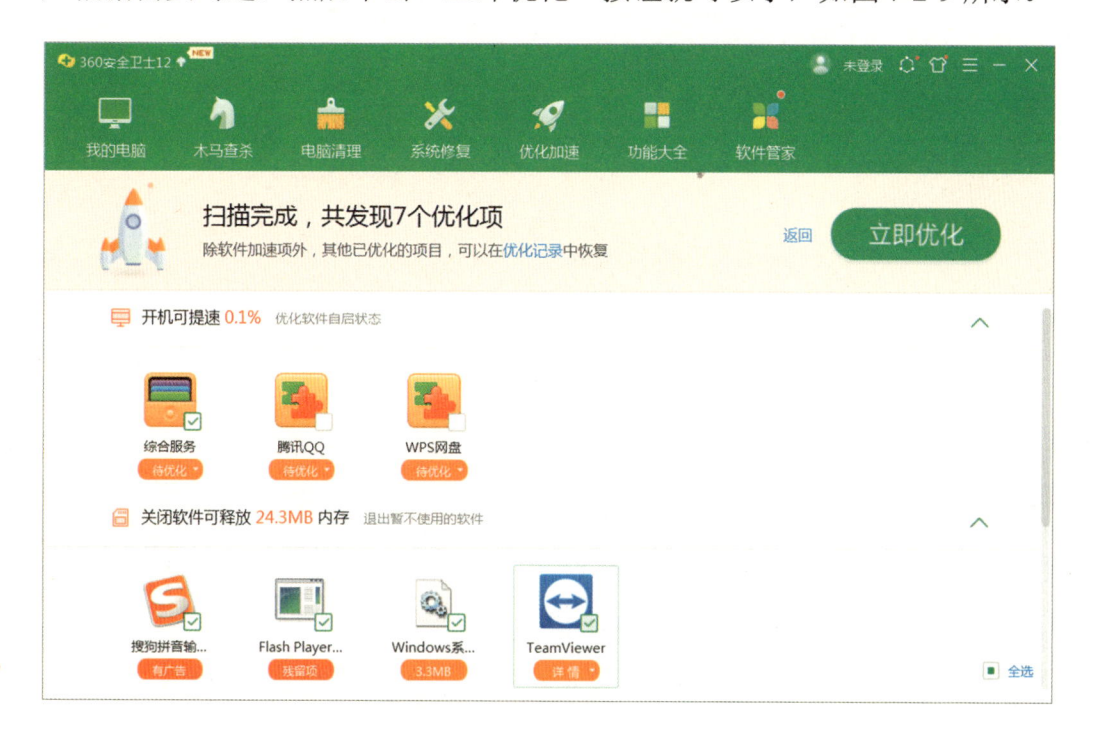

图 7-2-9　单击"立即优化"按钮

第 8 章
人工智能初步

任务 1　初识人工智能

实训知识点

1. 了解人工智能的定义。

2. 了解人工智能的工作原理。

3. 了解人工智能的发展史。

4. 了解人工智能的应用。

实训 1　人工智能基础知识

填空题

1. _____年，科学家首次提出了"自动机"理论，把研究会思维的机器和计算机的工作大大向前推进了一步。

2．人工智能可以分为_____和_____。

3．人工智能的定义可以分为两部分，即"人工"和"智能"。"人工"指人工制造，"智能"指_____。

4．人工智能技术本质上是以_____算法为核心，辅以计算机技术来模拟人的智能行为的技术。

二、简答题

1．简述人工智能的发展史。

2．简述人工智能的工作原理。

实训2　人工智能的应用

简答题

简述人工智能的应用。

任务 2　认识机器人

实训知识点

1. 了解机器人的定义。

2. 了解机器人的分类。

3. 了解机器人的应用。

实训 1　机器人基础知识

一、填空题

1. _____时期，就有人利用竹子和木料制作出木鸟，称为世界上第一个空中机器人。

2．机器人是一种具备一些与人或生物相似的_____能力（如感知能力、规划能力、动作能力和协同能力）的具有高度灵活性的自动化机器。

3．根据机器人目前的控制系统技术水平，可以将机器人分为示教再现机器人、_____、智能机器人3类。

4．应用分类法是根据机器人_____进行分类的大众分类方法。

二、简答题

1．国际标准化组织将机器人定义为什么？

2．简述机器人的特征。

实训2　机器人的应用

简答题

简述机器人的应用。

反侵权盗版声明

电子工业出版社依法对本作品享有专有出版权。任何未经权利人书面许可，复制、销售或通过信息网络传播本作品的行为；歪曲、篡改、剽窃本作品的行为，均违反《中华人民共和国著作权法》，其行为人应承担相应的民事责任和行政责任，构成犯罪的，将被依法追究刑事责任。

为了维护市场秩序，保护权利人的合法权益，我社将依法查处和打击侵权盗版的单位和个人。欢迎社会各界人士积极举报侵权盗版行为，本社将奖励举报有功人员，并保证举报人的信息不被泄露。

举报电话：（010）88254396；（010）88258888
传　　真：（010）88254397
E-mail：dbqq@phei.com.cn
通信地址：北京市海淀区万寿路 173 信箱
　　　　　电子工业出版社总编办公室
邮　　编：100036